NUMBER 11

メディア総研ブックレット

新 スポーツ放送権ビジネス最前線

メディア総合研究所編

1 オリンピック放送権のビジネス化……3
谷口源太郎 スポーツジャーナリスト

2 高騰の波静まらぬサッカーワールドカップ放送権……13
杉山 茂 スポーツプロデューサー

3 アメリカにおけるスポーツのビジネス化とテレビ放送権……36
隅井孝雄 国際メディアアナリスト

4 ヨーロッパにおけるスポーツ放送とユニバーサル・アクセス……58
中村美子 NHK放送文化研究所主任研究員

5 日本におけるスポーツの商品化とユニバーサル・アクセス権問題……79
森川貞夫 日本体育大学教授

花伝社

＜執筆者の紹介＞

谷口源太郎（たにぐち　げんたろう）
　スポーツジャーナリスト。1938年鳥取県生まれ。早稲田大学中退。大手出版社の雑誌記者などを経て、現在スポーツジャーナリストとして主にスポーツを社会的視点からとらえ、新聞、雑誌で活躍中。94年度ミズノスポーツライター賞を受賞。
　著書に『冠スポーツの内幕』『堤義明とオリンピック』『スポーツの真実』『日の丸とオリンピック』『スポーツを殺すもの』『巨人帝国崩壊』などがある。

杉山　茂（すぎやま　しげる）
　スポーツプロデューサー。1936年東京生まれ。慶應大学卒。59年ＮＨＫ入局。ディレクターとしてスポーツ番組の企画・制作・取材にあたり、80年代後半からは多くのスポーツ放送権交渉を手掛ける。オリンピック取材は夏・冬12回。88年～92年スポーツ報道センター長。95年～98年長野オリンピック放送機構マネージングディレクター。98年５月ＮＨＫを退局し、フリーのスポーツプロデューサーとなる。Ｊリーグ理事、02年ワールドカップ日本事務局放送業務局長などをつとめ、現在は番組製作会社エキスプレス：プロデューサー、慶應大学大学院スポーツマネージメント専修客員教授（スポーツコミュニケーション論）。

隅井孝雄（すみい　たかお）
　国際メディアアナリスト。龍谷大学講師（国際ジャーナリズム論、アメリカ文化論）。1936年東京生まれ。国際基督教大学卒。58年日本テレビ入社。編成、外報部記者を経て86年アメリカ法人ＮＴＶインターナショナル・コーポレーション社長。92年ＮＴＶアメリカン・カンパニー社長を兼務。99年４月から06年３月まで京都学園大学教授（マスメディア論）。コメンテーターとしてラジオにもレギュラー出演。
　著書に『ニューメディア最前線』『マンハッタン・ＴＶのぞき窓』『アメリカン・ＴＶスコープ』などがある。

中村美子（なかむら　よしこ）
　ＮＨＫ放送文化研究所主任研究員。慶應大学卒。78年ＮＨＫ入局。広報室、国際局編成部を経て、92年放送文化研究所メディア経営に配属。以降イギリスを中心とした海外放送事情の調査研究に従事。97年英ウェストミンスター大学コミュニケーション情報センターへ客員研究員としてＮＨＫから半年間派遣。

森川貞夫（もりかわ　さだお）
　日本体育大学教授。1939年中国・大連生まれ。東京教育大学大学院修了。大阪府立高校、東京都立高校教諭を経て72年から日本体育大学に勤務。この間、地域での体育指導委員、ハンドボール競技では選手・審判・監督として常に第一線で活躍。専攻はスポーツ社会学・スポーツ史および社会教育学。
　著書に『スポーツ社会学』『スポーツに生きる』（川本信正氏との編著）などが、また訳書に『柔らかいファシズム』『現代社会とスポーツ』などがある。

1

オリンピック放送権のビジネス化

谷口源太郎
スポーツジャーナリスト

商業主義オリンピック元年

１９８４年に開催された第二三回ロサンゼルス・オリンピックは、近代オリンピック史に刻まれるべきエポックメーキングな大会であった。

84年のオリンピック招致に立候補したのはロサンゼルス市だけで、78年10月のＩＯＣ（国際オリンピック委員会）総会で同市の開催があっさりと決まった。しかし、その後ＩＯＣとロサンゼルス側との間で確執が生じた。当時のＩＯＣ会長ロード・キラニン（72年第六代会長に就任、アイルランド出身）は、回想録にこう記している。

１９８４年にロサンゼルス・オリンピックを開催することに決めたときには、ＩＯＣが将来になって後悔しかねないような契約を結んでしまったのである。立候補したのがロサンゼルス一都市であったため、すべてマイペースでやれると考えていたからだ。書類の中身を見ても、オリンピックは、自分たちの流儀でやり、ＩＯＣ規則、伝統、儀典などはほとんど考慮しない、といった内容になっていた。（中略）

多くの委員が心配していたのはロサンゼルスが立候補につけていた前提条件で、それによると、開催都市であるのにロサンゼルス市が一切責任を負わないことになっていた。つまり、市のほうは一切お金を投入せず、実業家の集まりである組織委員会が黒字になるようにオリンピックを運営し、大会が生んだ利益金はアメリカ国内のスポーツ振興のために使用するということだ。（中略）ロサンゼルスは最初から利潤を追う会社としてオリンピックを運営しようとしていることを鮮明にしたのだ。

ＬＡＯＯＣ（ロサンゼルス・オリンピック組織委員会）の委員長に選ばれた無名の実業家、ピーター・ユベロス（旅行代理店経営）は、ＩＯＣの懸念を無視するかのように商業主義に徹して民間資金による財源確保を図った。スポンサーシップ（一業種一社、三〇社に限定、一社四〇〇万ドル以上）やマーチャンダイジング・ライセンシー（大会エンブレム、マスコットマークなどの商品化）などと並ぶ柱とされたのが放送権料収入であった。

従来、ＩＯＣはできるかぎり広い範囲の観衆を確保することを目的としてオリンピック放送権をテレビ・ラジオに与えていた。つまり、ＩＯＣは、オリンピックの公益性を前提にした放送権の考え方をとっており、放送権料収入についてもＩＯＣの運営費や各国ＮＯＣ（国内オリンピック委員会）、国際競技連盟への分配に重点を置いていた。

ユベロス委員長は、ＩＯＣの公益性重視の考え方を覆し、放送権を情報商品として、その市場価値を追求したのだった。ユベロス委員長は、広告業界の協力を得てオリンピック放送権料についてのマーケティング調査を行った。その結果、広告によって見込まれる収入は最悪でも三億ドル（当時のレートで換算すると約六〇〇億円）に達することが判明した。

このデータをもとにユベロス委員長は、「放送権料二億ドル以上、放送に必要な設備費七五〇〇万ドル、前金払い」という条件をつけてＡＢＣ、ＣＢＳ、ＮＢＣ、ＥＳＰＮ、タンデム・コミュニケーションズなどに入札を求めた。最終的な視聴率やボイコットによるチーム不参加の影響などを勘案した定式を契約に盛り込むかどうかといった細部について、交渉は難航した。紆余曲折の後、ＡＢＣが二億二五〇〇万ドル（その他に七五〇〇万ドルの放送設備費も負担）でホストブロードキャストになることを引き受けた。かくしてLAOOCは、狙いどおり実質的に三億ドルのテレビ放送権料収入を得たのである。

日本のNHK・民放連合事業体であるジャパンプール（現在のジャパンコンソーシアム）に対してLAOOCは、四三〇〇万ドルを要求してきた。その根拠とされたのは、テレビ受像器の普及台数がアメリカの19％に当たるというものだった。ジャパンプール側は、モスクワ・オリンピックで独占放送権を得たテレビ朝日が放送権料及び経費として支払ったと推定される一〇〇〇万ドルに、四年間の物価上昇率分40％を上積みした一四〇〇万ドルを適正金額として逆提示した。ジャパンプールは粘り、議論を重ねた末に放送権料一六五〇万ドル、技術提供料二〇〇万ドル、計一八五〇万ドルで契約した。

したたかなユベロス委員長は、ABCと契約した放送権料三億ドルの配分でまんまとIOCをだました。放送権料の分配は、LAOOC三分の二、IOC三分の一（さらにIOC、NOC、国際競技連盟に各三分の一ずつ配分）と決められている。ところが、ユベロス委員長は、放送施設費七五〇〇万ドルを除いた二億二五〇〇万ドルの三分の一しかIOCに支払わなかったのである。唯一の収入源である放送権料をごまかされたことで、IOCは大いに怒り、それ以後「IOCのサインのないものは一切認めない」との強硬方針を打ち出した。さらにIOCは、自らが主導するオリンピック・ビジネスを考え出した。

いずれにしても、ユベロス委員長率いるLAOOCの展開した商業主義オリンピックは、オリンピック史上初めて二億一五〇〇万ドル（当時のレートで五二八億九〇〇〇万円）の黒字を生み出した。そして、この商業主義の手法は「ロサンゼルス方式」と呼ばれ、グローバルスタンダードとして、それ以後のオリンピックをはじめとする様々なスポーツ・イベントに決定的な影響を与えたのである。

IOCによるオリンピックビジネス

80年に第七代IOC会長に就任したアントニオ・サマランチ（スペイン出身）は、ロサンゼルス・オリンピックに関しては前キラニン会長のときに結ばれた契約のために口出しができず、LAOOCの独断専行を追認するだけだった。そのうえ、当然配分されるべき放送権料をLAOOCにごまかされてしまった。そこでサマランチ会長は、二度とLAOOCのような独断専行を許さないために規則を改正し、すべての契約についてIOCの承認を得なければならないようにした。

また、サマランチ会長は、放送権ビジネスのためにメディア担当専任のIOC理事を置くとともに、外部の民間企業とコンサルタント契約を結んだ。その企業は、アメリカに拠点を置くスポーツビジネス・グループ、IMG（インターナショナル・マネージメント・グループ）であった。

IMGのオーナーであるマーク・マコーマックは、「スポーツをビジネスに変えた男」と言われる立志伝中の人物である。60年代にプロゴルファーのアーノルド・パーマーを手始めとしてマネージメント事業を起こし、その後、ゴルフばかりでなくテニス、スキー、F1などの五〇〇人を超える有名選手を抱えるまでになった。今や選手のマネージメントばかりでなく国際的なスポーツ・イベントの放送権や営業権を得て幅広くスポーツビジネスを展開している。

IOCとメディアに関するコンサルタント契約をしたのは、IMG傘下のスポーツ・イベントのテレビ番組制作会社、TWI（トランスワールド・インターナショナル）であった。その契約内容は定かではないが、TWIの役割について電通関係者はこう話す。

「IOCが放送権料について直接交渉する前の段階でTWIが下交渉をする。そこで金額についてテレビ局側の意向を打診したり、情報を流したりテレビ局間での競争を促したりするわけです。最終的に決まった放送権料が一定の金額を超えた部分について報酬を得るという契約のようです」

オリンピック放送権の長期契約

ＩＯＣは、ＴＷＩをコンサルタントにつけて88年のソウル・オリンピック、カルガリー冬季オリンピックの放送権契約を行った。それ以降、オリンピック放送権についてＩＯＣが完全に主導権を握り、放送権料ばかりでなく、その配分まで決めるようになった。

95年暮れ、ＴＷＩを介してＩＯＣは、アメリカのＮＢＣと２００４年アテネ・オリンピック、２００６年冬季オリンピック（契約時は開催地未定）、２００８年夏季オリンピック（同じく未定）の国内放送権料を合計二三億ドルで契約した（内訳は8頁の表を参照）。ＮＢＣは、それ以前に２０００年シドニー・オリンピック七億一五〇〇万ドル、２００２年ソルトレークシティー冬季オリンピック五億五五〇〇万ドルで放送権契約をしていた。

96年11月、ジャパンコンソーシアムも２０００年シドニー・オリンピックから２００８年夏季オリンピックまでの五大会の放送権を五億四五五〇万ドルでＩＯＣと一括契約した（内訳は8頁の表を参照）。開催都市も決まっていないオリンピックの放送権を売るという異例なビジネスについて、ＩＯＣは次のようなコメントを発表した。

「来世紀初頭のオリンピック活動にとって経済的安定を支える画期的なことである。また、今後の立候補地に安心感を与える」

長期一括契約の背景には、テレビの多チャンネル化による視聴率拡散の影響を避け、長期にわたって収入を確保するというＩＯＣの意図があったと言えよう。

また、ＩＯＣは、放送権料収入の分配率を独断で変更し、大会組織委員会60％（従来は三分の二）、ＩＯＣ40％（同三分の一）と取り分を増やした。

夏季オリンピック放送権料の推移　（単位ＵＳドル）

	アメリカ	日　本	ヨーロッパ
1972年 ミュンヘン	ＡＢＣ 1350万	ＮＨＫ 105万	ＥＢＵ 170万
1976年 モントリオール	ＡＢＣ 2500万	ＮＨＫ・民放 130万	ＥＢＵ 455万
1980年 モスクワ	ＮＢＣ 8500万	テレビ朝日 850万（推定）	ＥＢＵ 595万
1984年 ロサンゼルス	ＡＢＣ 2億2500万	ジャパンプール 1650万 他に大会協賛金ＮＨＫ200万	ＥＢＵ 1980万
1988年 ソウル	ＮＢＣ 3億210万	ジャパンプール 5000万　他に技術協力金ＮＨＫ200万	ＥＢＵ 2800万
1992年 バルセロナ	ＮＢＣ 4億100万	ジャパンプール 5750万　他に技術協力金ＮＨＫ500万	ＥＢＵ 9000万
1996年 アトランタ	ＣＢＳ 4億5600万	ジャパンプール 7500万　他に技術協力金ＮＨＫ1250万、特別協賛金1200万	ＥＢＵ 2億5000万
2000年 シドニー	ＮＢＣ 7億1500万	ＪＣ（ジャパンコンソーシアム） 1億3500万	ＥＢＵ 3億5000万
2004年 アテネ	ＮＢＣ 7億9300万	ＪＣ 1億5500万	ＥＢＵ 3億9400万
2008年 北京	ＮＢＣ 8億9400万	ＪＣ 1億8000万	ＥＢＵ 4億4300万

冬季オリンピック放送権料の推移　（単位ＵＳドル）

	アメリカ	日　本	ヨーロッパ
1984年 サラエボ	ＡＢＣ 9150万	ＮＨＫ 250万	ＥＢＵ 410万
1988年 カルガリー	ＡＢＣ 3億900万	ＮＨＫ 350万	ＥＢＵ 570万
1992年 アルベールビル	ＣＢＳ 2億4300万	ＮＨＫ 900万	ＥＢＵ 1800万
1994年 リレハンメル	ＣＢＳ 2億9500万	ＮＨＫ 1270万	ＥＢＵ 2400万
1998年 長野	ＣＢＳ 3億7500万	ＪＣ 2350万	ＥＢＵ 7200万
2002年 ソルトレイク	ＮＢＣ 5億5500万	ＪＣ 3700万	ＥＢＵ 1億2000万
2006年 トリノ	ＮＢＣ 6億1300万	ＪＣ 3850万	ＥＢＵ 1億3500万

2010年冬季（バンクーバー）、12年夏季（ロンドン）の2大会の放送権料として、アメリカ（NBC）は22億円100万ドル、ヨーロッパ（EBU）は7億4600万ドル。日本は交渉中で未定。

サマランチ独裁からロゲ体制へ

長期にわたる独裁体制を背景に、サマランチ会長は、オリンピックを巨大化させるとともに、商業主義を徹底させた。その結果、ＩＯＣには拝金主義が広く深く浸透し、オリンピック招致活動に絡む様々な金銭疑惑が噴き出した。

なかでも1998年暮れに発覚したソルトレークシティー冬季オリンピック招致をめぐる大がかりな贈収賄事件は、IOCを根底から揺るがした。この事件をきっかけに、拝金主義によるIOCの腐敗体質が明るみに出て、各国のメディアから一斉に批判を浴びた。最高責任者として辞任を迫られたサマランチ会長は、トカゲの尻尾切りで六人のIOC委員を解任（そのほかに四人が辞任）しただけで、自ら責任をとることは一切しなかった。

しかし、この贈収賄事件をきっかけにしてIOCの国際的信頼は決定的に失墜し、サマランチ会長交代へと事態は動いていった。2001年7月、モスクワで開催されたIOC総会で、二十余年にわたったサマランチ独裁体制が終焉し、ジャック・ロゲ副会長（ベルギー出身）が後任の第八代会長に選ばれた。

ロゲ会長は、サマランチ路線からの方向転換を目指して巨大化に歯止めを掛け、オリンピックを簡素化・縮小化する独自の方針を打ち出した。その理由として、ロゲ会長は次のことを強調した。

「いまだに実現していないアフリカと南米の地での開催を実現するためには、開催地の財政負担を軽減しなければならない。そのためにはオリンピックを簡素化・縮小化しなければならない」

その具体的な取り組みとして、ロゲ会長はオリンピック競技種目の削減に乗り出した。IOC調査委員会の報告に基づいてIOC委員が投票し、08年北京オリンピック以後の野球とソフトボールの削除を多数決で決めた。しかし、削減案についての賛否の票は拮抗しており、今後の進捗が容易でないことを予感させた。

また、サマランチ会長時代の徹底した商業主義によって生み出されたIOCの権利拡大によるバブル状態は、ロゲ体制に移ってからも依然として続いている。そうした権利はマニュアルとして定着し、縛りとなっているため、それを壊すのは容易なことではない。たとえば、オリンピック開催都市の選択基準とされるIOCのスタンダードなマニュアルに従えば、中規模都市での開催は不可能で、どうしても大都市に限られてしまう。

そうしたＩＯＣの現実は、ロゲ会長の簡素化、縮小方針とはまったく矛盾する。しかも、ロゲ会長体制になった後も、オリンピックビジネスに関しては、ＩＯＣへの権利の集中が進んでいる。

ＩＯＣのマーケティングを一手にまかされていたＩＯＣの子会社「メリディアン」（ＩＯＣが50％出資）が05年秋に解体され、ＩＯＣに完全吸収された。これなども、子会社の経費を切るという意味合いよりも、ＩＯＣがマーケティングビジネスを直接展開するところに本当の狙いがあるといえる。

また、これまでＯＣＯＧ（大会組織委員会）が制作してきたオリンピック大会の国際映像を、ＩＯＣの制作に変えることも検討されている。国際映像に関わるすべての権利を握る、というのがＩＯＣの意図であるのは間違いない。

いずれにしても、ロゲ体制になったからといって、財源確保のためにテレビ放送権やスポンサーシップなどのビジネスを最優先させるというＩＯＣの政策に、変わりはないのだ。

メディアに体力勝負迫る放送権の高騰

そのテレビ放送権ビジネスの推移を追ってみよう。

前述のとおり95年から96年に、２００４年のシドニー夏季オリンピック、06年のトリノ冬季オリンピック、08年の北京夏季オリンピックのテレビ放送権は契約済みとなっている。そして、２００５年から06年にかけて、10年のバンクーバー冬季オリンピックと12年のロンドン夏季オリンピックについての契約交渉がすすめられている。すでに06年3月までに、アメリカのＮＢＣやＥＢＵ（ヨーロッパ放送連合）、カナダのＢｅｌｌ（カナダ最大の商業ネットワーク）などが契約を済ませているが、それらの契約のなかに新たな動きが出ていて注目されている。

ＮＢＣは、両大会の放送権を二二億一〇〇万ドルという巨額で獲得した（前回は04年夏、06年冬、08年夏の三大会を二三億ドルで契約）。この契約総額のうちの二億ドルは、親企業のGE（ゼネラル・エレクトリック）が05年から八年間の公式スポンサー権料として支払うことになっている。こうした形の放送権契約は前代未聞であり、NHK放送文化研究所の曽根俊郎氏はこう指摘する。

「アメリカの放送権獲得競争は、放送局の枠を超えて親会社であるコングロマリットの総力戦となった」（『放送研究と調査』05年4月号）

EBUの場合も七億四六〇〇万ドルで契約したものの、従来の有力メンバーであったRAI（イタリア放送協会）が負担金で折り合わずに抜ける事態となった。多メディア化による放送界の競争激化が主要因であろうが、いまやオリンピック放送権は、放送局に体力勝負を迫るところまで高騰してしまったことを示しているともいえる。

一方、IOCは放送権料収入の配分比率を変更し、自らの取り分を増やした。04年からOCOG（大会組織委員会）への配分を49％（それまで60％）に減らし、IOCの取り分を51％（同40％）へと大幅に増やしたのだ。また、IOCによる国際映像制作にあたっては、その費用をOCOGへの配分から差し引くことも検討している。さらに、IF（国際競技連盟）への配分については、大会でのテレビ視聴率や視聴者数などを競技種目別に調べ、その結果をもとに配分を決めるというきめ細かい方法を採っている。

そのうえでIOCは、2010年からインターネットや携帯電話など放送以外の手段に対する映像配信権を新設し、放送権と抱き合わせで契約することにした。曽根氏（前出）は、このことを次のように見る。

「ネット映像を国境で止める確実な方法がないなかで、国内限定が前提の放送権を崩させないためには、当分の間、放送にすべてを預けるというIOCの意図が透けて見える」

バブルといわれるほどの潤沢な財源を確保していることについて、ロゲ会長は、オリンピック・ムーブメントとして財政的に貧しいNOC（国内オリンピック委員会）に重点的に資金援助するためにIOCの財源をより多く確保する必要がある、と主張しているようだ。

だが、それにしても、10年冬、12年夏の両オリンピックの放送権の異常な高騰ぶりには、危惧の念を抱かざるを得ない。巨額になればなるほどテレビの発言力は強くなる。すでに、競技日程をはじめ競技種目の選択にまでテレビが影響力を及ぼしており、そのことがオリンピック・ムーブメントの理念を歪めてもいる。

言うまでもなく、オリンピック・ムーブメントは、地球上の多くの人びとの理解と支持を得てこそ推進できるものである。その意味でも、誰もがテレビ観戦できる環境づくりが極めて重要だ。富めるものと貧しきものとの格差が世界中に広がっているなかで、放送権の高騰によって、有料でなければオリンピックはテレビ観戦できないという形で貧しきものを切り捨てるような事態ともなれば、オリンピック・ムーブメントは根本から崩れることになるだろう。

2

高騰の波静まらぬサッカーワールドカップ放送権

杉山茂
スポーツプロデューサー

日韓共催大会の熱気も冷めぬうちに

２００６年ＦＩＦＡワールドカップドイツ大会の日本国内の放送権をめぐる動きは、まず、その枠組みがあっさりとまとまった。

02年の日韓大会の全六四試合を完全中継したＣＳ（通信衛星）放送のスカイパーフェクト・コミュニケーションズ（「スカイパーフェクＴＶ！」、以下「スカパー」）が、その路線の継承を望まず、地上波主体のＮＨＫ・民放連合による「ジャパンコンソーシアム」（以下、「ＪＣ」）が、〝主導権〟を握ることで進んだからである。

通常、放送権契約には、次回の交渉にあたっての優先的な権利が付与されている。そのため06年大会の契約にあたっては、「スカパー」がその優先権を得ているとされていたが、02年大会の閉会を間近にした時点で、早々とそれを打ち消す見方が流れた。日本国内の放送権は、02年にひきつづき06年大会も広告代理店・電通が手中にしており、「スカパー」の契約は、02年大会単体で、06年大会については〝白紙の状態〟だというのだ。「スカパー」が〝消極的〟であれば06年大会の放送権交渉は地上波局へ舞い戻ることになる。電通は、02年大会が終わり夏の過ぎるのを待って、「ＪＣ」に、放送権料を含む交渉の開始を打診した。

地上波では、06年大会も「ＪＣ」で臨むことが既定路線だった。いかに02年大会のフィーバーがあったにせよ、「一局」で独占に乗り出すにはリスクが大きく、現実的ではなかった。

電通の申し入れは、02年10月の日本民間放送連盟（民放連）オリンピック放送等特別委員会で話し合われた。あまりにも早い〝交渉開始〞に戸まどいながらも、個別の意向はどこからも示されなかったとされる。02年暮れ、複数の「ＪＣ」関係者は、表現こそ違え、同じ〝意見〞を口にした。

・「ＪＣ」から抜けてまでという状況は財政的に考えにくい
・ドイツとの時差（七時間）
・日本代表のアジア地域予選突破の見通しがまだ無い——などである。

日韓大会では、外国チーム同士の対戦でも「地元開催」という熱気を背景に高視聴率をマークしたが、ドイツ大会では、そこまでの盛り上がりを期待できない、と評価は低く見積もられていた。新展開として、「スカパー」と地上波局による〝連立〞の可能性もゼロではなかったろうが、この時点では〝時差〞と〝日本代表の予選突破なるか〞がカベという認識で一致していた。

ドイツ大会のＪＣ放送権料は02大会の二倍に

焦点は放送権料に移る。「ＪＣ」と電通の交渉は、この点では枠組みの合意ほど円滑には進まなかった。02年大会の国内放送権料は、コンフェデレーションカップなどとのパッケージで、推定二〇〇億円とされるが、その68％近くを「スカパー」が支払っている。その「スカパー」の負担額が「ＪＣ」にのしかかることになるからだ。しかも今回は、試合でいうならアウェイである。

電通も、日本では深夜から早朝にかかる試合時間帯のハンデを充分に承知していたが、それでも総額での目減りは最小限にとどめたい。

「ＪＣ」の放送権料が推定一三八億円でまとまったのは04年4月のことだった。ジーコ監督による新・日本代表のアジア予選はまだ始まったばかりの時である。

この額は、推定ながら前回「スカパー」がほかのイベントとのパッケージで契約した額とほぼ同じだ。地上波による放送試合数は前回並みの四〇試合となった。「JC」は02年大会（六六億円）の二倍強の額で契約したことになる。一時06年大会の交渉は98年大会の放送権料のラインまでさかのぼって出直すという声も聞かれていただけに、ずいぶんとはずんだわけだが、これは、NHKがBS（衛星放送）で全六四試合をほぼ完全に近い形でカバー（編成）するかわりに、放送権料の80％近い負担に応じたことが大きい。

なぜジャパンコンソーシアムなのか

「JC」と呼ばれるNHKと民放による共同制作体制は、オリンピックでは、夏季大会が1976年のモントリオール大会からつづき、冬季大会は98年の長野大会から組まれてきた。当初の名称は「ジャパンプール」で、80年のモスクワ大会でいちどだけスクラムが崩れている。

06年大会の放送権をめぐる流れは、その一〇年前へ時計の針を戻すところから始まる。ワールドカップサッカーにおける「JC」は、2002年大会が「日韓共同開催」と決まった直後の96年6月、民放側で動きはじめた。それまでの大会は、「国際テレビコンソーシアム」（ITC）の一員としてNHKが〝独走〟していた。02年大会は「日本開催」が有望とされ、日韓共同開催が決まる前から、民放各局も放送権情報を集め、水面下での動きを始めていたが、〝表面化する〟には至らなかった。

96年5月、FIFAが規約を越えて02年大会の開催国を決めた一ヵ月後、民放連は緊急対策委員会という名の会合を東京で開く。議題の中心は02年大会の放送権で、98年大会以降は「ITC」にしろエージェントにしろ、権料の高騰はさけられない、との情報が伝えられるなか、オリンピック同様に「JC」方式で臨む提案をNHKに申し入れることでまとまった。

会議のしめくくりで、氏家齋一郎会長（当時）は「せっかくのコンソーシアム。放送権に関する単独交渉は受け付けない」と発言している。

06年大会の放送権をめぐる経過のなかで、民放の関係者が「単独交渉は難しい」とした裏には、この時の会長発言がある、と見る人も多い。その姿勢は、02年大会を終えたあと、民放連として再確認されたとも言われる。この緊急対策委員会の決定は、7月25日の民放連第四回理事会でも承認された。

世界の放送権「スポリス」と「キルヒ」に

一方、FIFA（国際サッカー連盟）は、7月に入ってすぐ、新たな放送権ビジネスの相手として、ヨーロッパの二社からなるエージェントを指名して発表していた。これで放送権料の高騰が明確になり、「ITC」の足場を失ったNHKも、民放連の意向に合意した。

FIFAが入札の末、新たに選んだエージェントは「スポリス」（スイス）と「キルヒ」（ドイツ）の二社の連合チームだった。

「スポリス」は、これまでもワールドカップのスポンサープロモートを手がけてきた「インターナショナル・スポーツ・アンド・レジャー」（ISL、スイス）のいわば親会社で、スポーツビジネスの世界では名の売れた存在だった。一方「キルヒ」は、ハリウッド映画の番組販売会社としては知られていたが、スポーツ界ではまだニューフェイスといえた。しかし、「キルヒ」グループは、デジタル衛星放送局の設立に意欲的な動きを示していて、スポーツ＝サッカーへの〝進出〟はそのためにも欠かせないコンテンツだった。話は飛ぶが、2001年4月、自動車レース「F1」の2011年以降の一〇〇年分の放送権を含むすべての商業権を、国際自動車連盟（FIA）から取得して驚かせたのも「キルヒ」である。

FIFAは、エージェントとの間で、

・2002年大会――一三億スイスフラン（当時のレートで約一三〇〇億円）

・2006年大会――一五億スイスフラン（同・約一五〇〇億円）の契約を結んだことを同時に発表していた（96年7月3日）。

衝撃的な金額だった。98年フランス大会の権料総額は、「ＩＴＣ」に加わっていないアメリカの分を含めても二億三〇〇〇万スイスフラン。一気に五・六倍へはね上がったのである。

国際テレビコンソーシアム（ＩＴＣ）主導の時代

それまでは、ワールドカップの放送権料は、オリンピックをはじめほかのスーパーイベントに比べれば低く抑えられてきた。世界の大陸別放送連合がコンソーシアム（consortium、競合を避けるための連合）を組み、エージェントを介さずにＦＩＦＡと直接交渉する方法が効果をあげていたのである。

放送権に関する契約は、１９７４年の西ドイツ（当時）大会までは、開催国の組織委員会と各国の放送局との間で結ばれていたが、78年のアルゼンチン大会を前に、ヨーロッパ放送連合（ＥＢＵ）の働きかけで、東ヨーロッパ放送連合（ＯＩＲＴ、現在は解消）、中南米放送連合（ＯＴＩ）がまとまり、ＦＩＦＡと〝一括交渉〟する方式に改められた。この時アジアでは、香港二番目の民放（商業放送局）として73年に設立された「ＲＴＶ」を前身とする「アジア・テレビジョン」（ＡＴＶ）が、アジアにおける放送権取得に動き出したのをＥＢＵが知り、アジア太平洋放送連合（ＡＢＵ）へ報せるとともに、コンソーシアムへのＡＢＵの参加を呼びかけた。ＥＢＵはまた、アラブ諸国放送連合（ＡＳＢＵ）、アフリカ放送連合（ＵＲＴＮＡ）に対してもその輪を拡げていった。「ＩＴＣ」はこうして組み上げられたのである。

ＦＩＦＡは、テレビのパワー（公共放送の放送網）によって、世界のあらゆる地域、場所へサッカーが送り届けられることを期待し、「ＩＴＣ」は、限られた資金（財源）のなかで最高のコンテンツを確保できる手段として、これを歓迎した。ＮＨＫは１９６４年にＡＢＵが発足した時からの中心メンバーで、「ＩＴＣ」

ワールドカップの「世界」と「日本」の放送権料の推移

開催年と開催国	世界の放送権料 単位：万スイスフラン（前回比）		日本の放送権料 単位：100万円　（前回比）	
1978年アルゼンチン	ITC（国際テレビコンソーシアム）が一括契約	2,250	ITCにおけるNHKの分担額	166
1982年スペイン		3,900（173.3%）		293　（176.5%）
1986年メキシコ		4,900（125.6%）		305　（104.1%）
1990年イタリア		9,000（183.7%）		437　（143.3%）
1994年アメリカ		11,500（127.8%）		500　（114.4%）
1998年フランス		13,500（117.4%）		587　（117.4%）
2002年日本・韓国	キルヒ、スポリスグループ	130,000（963.0%）	JCとスカパー	20,100（3424.2%）
2006年ドイツ		150,000（115.4%）		15,000　（74.6%）

（注）02年、06年の日本の放送権料は推定。78～98年のITCの契約にはアメリカは含まれていない。（FIFA、JC、ABUなどの資料から作成）

内ではABUの代表格となっている。

「ITC」は、独特の放送権料負担方法を採った。①予め各連合の分担率を定める、各連合はその数字を持ち帰って、連合内の各国（局）別分担率を決める、②それが出揃ったところで「ITC」はFIFAと金額交渉に入る——というのである。

そのうえで「ITC」は、78年大会の協議の前に、82年、86年との三大会パッケージ契約を希望し、FIFAの了承を取り付けることに成功した。オリンピックの放送権料が、アメリカ三大ネットワーク（NBC、CBS、ABC。現在はFOXを加えて四大ネットワークと呼ばれる）の激しい競争で吊り上り、その影響をEBUや「JC」がうける状況とはまるで違っていた。

仮説に過ぎようが、アメリカで1968年に誕生したプロ・サッカーリーグ（「北米リーグ」NASL）が、ベースボール、フットボール、バスケットボール、アイスホッケーなどの勢いへ近づくほどに育っていれば、ネットワークのワールドカップへの興味も、オリンピック並みにふくらみ、世界の〝相場〟

も変わっていただろう。

「ITC」によって、当分の間、ワールドカップの放送権は〝外部〟の風が吹き込まずにすむことになった。しかしそれでも、74年西ドイツ大会で国内初のライブを含む放送権を獲得した東京12チャンネル（現・テレビ東京）の権料が七〇万西ドイツマルク（推定、約八四〇〇万円）であったのに対し、78年アルゼンチン大会でNHKに割り当てられた額は、約一億六六〇〇万円。ABU内でのNHKの分担割合が大きかったとはいえ、約二倍になっている。

「ITC」は87年になって、さらにこの契約システムを90年、94年、98年の三大会へ伸ばすことになるが、順調にこぎつけた結果ではなかった。複数のエージェントが放送権獲得交渉への〝参入〟を望み、FIFAもそれらの入札を認めたのである。最終的に「ITC」に落ち着いたのは、マネーより実績が評価されたからにほかならない。「ITC」を組織する各国各局が無料放送であったことも決め手のひとつであった。

こうして、放送界にとっての〝最善の方法〟は六大会にわたって確保されたが、いつまでも〝適正なライン〟を持続できない厳しさも次第に明らかになりつつあった。「ITC」には民放（商業放送）もメンバーとして参加していたし、広告を入れる公共放送も加わっていた。ワールドカップの放送権料が低く抑えられているにも拘わらず、高額な広告料（番組スポンサー料）で大きな利益をあげている、といった批判も一方で聞こえていた。

欧州放送界を揺さぶる有料放送の攻勢

「ITC」を束ねるEBUは、サッカー以外のスポーツ放送権では、かつてない激震に揺さぶられはじめていた。震源地は「有料契約放送」である。

すでに伝統のウィンブルドンテニスのヨーロッパ放送権（イギリスを除く）は、88年に西ドイツ（当時）

のフィルム制作会社に奪われていたが、90年11月には、スポーツを最大のコンテンツと捉えるルパート・マードック氏の「ニューズコーポレーション」が、衛星放送「BスカイB」の放送を開始。マードック氏は、94年にアメリカでFOXを率いてプロフットボール（NFL）の放送権を奪取し、アメリカ中を驚かせたが、その手法をヨーロッパでは最強のコンテンツであるサッカーに持ち込んできた。

なかでも、92～93年シーズンから五年間のイギリス・プレミアリーグのライブ放送権を、それまで民放が契約していた額の六倍を超える金額で奪ったことは、ヨーロッパサッカーの市場化に油を注ぐことになった。

フランス、ドイツ、イタリアなどのサッカーリーグは、次々と設立される衛星放送局からの高額なオファーを受け容れ、公共放送を主とする地上波局を置き去りにした。

実は「ニューズコーポレーション」は、前述した90年大会以降のワールドカップ放送権契約交渉（87年）に、〝新勢力〟として「インターナショナル・マネージメントグループ」（IMG、アメリカ）とともに、その姿を現わしていたエージェントの一つであった。

らつ腕エージェントのターゲットとなったサッカー。そこへ予想外のもう一つの〝要素〟がからむことになった。FIFA内部の勢力争いである。

アベランジェ降ろし

ブラジル出身のジョアン・アベランジェ会長（当時）に対するヨーロッパ圏からの不協和音は、それまでにも聞こえないわけではなかったが、1974年に会長に就任して以来、マーケティングの拡張などを軌道に乗せ、この大団体を引っ張っていた。

ところが、ヨーロッパサッカー連盟（「UEFA」）からさまざまな改革を求める火の手が上がり、その一項目に、これまでのワールドカップの放送権料が低すぎるとの批判も盛り込まれていた。

「ＩＴＣ」は、アベランジェ会長の「世界のすみずみにまでサッカーを」（前述）との方針を支持し、マネー至上を排する姿勢を徳としていた。それはＦＩＦＡの理念ではなかったのか。

「ＩＴＣ」の主力ＥＢＵは、「ＵＥＦＡ」とは〝好い関係〟と伝えられてきた。もつれた糸は、必ずやＥＢＵによって整えられると期待したが、事態はそれほど甘くなかった。「ＩＴＣ」は次第にアベランジェ会長派とみなされ、放送権交渉の形勢は楽観を許さなくなる。

ＦＩＦＡは、これまでのような三大会パッケージではなく、02年、06年の二大会に限定した交渉としたいとし、「ＩＴＣ」はそれを受け入れていたが、会長をめぐる混乱に乗じ、エージェントがのしてきたのはまぎれもなかった。

それでも、96年5月、東京で会ったＥＢＵのキーパーソンのひとりR氏は、「ＩＴＣの安泰」をほのめかし、すでにエージェントに充分対抗し得る金額のオファーもＦＩＦＡに示した、としていた。

96年の始めに「ＩＴＣ」は二大会で一〇億スイスフラン近い数字を積み上げていたのだ。

充分な額、エージェントに勝てる額であった。だが「ＩＴＣ」は、〝決勝ゴール〟を奪うことはできなかったのである。

ＮＨＫ放送文化研究所の曽根俊郎氏が同研究所年報47（03年3月）で、この〝背景〟を次のように描いている。

〈中南米のサッカー連盟と関係の深いＯＴＩ（中南米放送連合）は、ＩＴＣのなかでＥＢＵと並ぶ有力な放送連合だが、会長のギエルモ・カニエドは中南米最大の放送局、メキシコのテレビサ会長であり、同時にＦＩＦＡ副会長としてアベランジェ体制を支える重鎮の一人だった。公平を保つため、カニエドが（放送権の）交渉の席に着くことは一度もなかった。だが、こうしたことは、反体制派の攻撃に説得力を持たせた。（中略）追い込まれた体制派が、次第に保身を図らざるを得ない状況になって行ったのである。〉

ワールドカップの放送権料を「ＩＴＣ」と安価なラインで交渉していたのは「おかしい」という〝指摘〟をはね返すだけのパワーは、会長たちのグループにはすでに無かった。

余談になるが、02年大会の開催地決定が最終段階に入り、「共同開催」の声が静かに、しかし着実に高くなりつつあるなかでも、日本側は「ＦＩＦＡの規約は二国での開催を認めていない」と突張るばかりで、ＦＩＦＡの状況を充分に掌握していなかった。会長の旗色はすでに相当あせていただろうに、である。

放送権争奪に七グループが

時間が経つにつれ、02年、06年二大会の放送権争いを演じているのは「ＩＴＣ」のほかに〝落札〟した「スポリス」と「キルヒ」のグループ、それに98年長野冬季オリンピックのヨーロッパ放送権獲得に意欲を燃やした「ＣＷＬ」、「ＣＳＩ」「ＴＥＡＭ」（いずれもスイス）、「ＩＭＧ」「アメリカＡＢＣ」の七つのグループにのぼることがわかってきた。

このうち96年6月中旬のＦＩＦＡ財務委員会前までに、「ＴＥＡＭ」「ＣＳＩ」「ＡＢＣ」が振るい落とされた。「ＴＥＡＭ」は、ＵＥＦＡによるＦＩＡＦ改革案をねり上げたエージェントであり、スタッフは、かつて「ＩＳＬ」に籍を置いていた人たちが多かった。そうした背景もあって、「ＩＴＣ」は一時、最大の強敵として「ＴＥＡＭ」をマークしていたようだが、はずれた。

96年7月3日、ＦＩＦＡ理事会は長時間の協議の末、採決を行い、前述のように二大会二八億スイスフランで「スポリス、キルヒグループに決まった」と発表した。

「ＩＴＣ」は、理事会直前に、それまでのオファーをさらに積みあげたい、と申し入れたようだが、受け容れられず、三番目の金額にとどまったようだ。

二番目の金額を提示したのは「ＩＭＧ」で、二大会二七億スイスフランと言われている。

「スポリス」「キルヒ」は、各国の放送界とは98年大会が終了するまで接触しないとし、実際の業務は「スポリス」が「ＩＳＬ」、「キルヒ」が「プリズマ」（スイス）のスタッフに依頼することのみを明らかにした。また、セールスを重複させないように、世界を二つに分け、ヨーロッパ地域は「キルヒ／プリズマ」、その他の地域は「スポリス／ＩＳＬ」が担当するとした。

「キルヒ」「ＩＳＬ」が、まさか02年大会の開幕を見ることなく財政破綻するとは、この時は想像もできなかった。

仰天の「二大会五四〇億円」提示の背後に何が

日本国内では「ＪＣ」の〝結束〟が図られたものの、96年秋以降、各局は情報収集の名目で、「ＩＳＬ」のドアをノックしている。しかし、「スポリス」の言明どおり、「ＩＳＬ」も98年大会の幕がおりるまでは交渉しないとの姿勢を通したため、情報といえる内容は流れ込んでは来なかった。

事態が金額を伴って動いたのは98年秋である。

「ＩＳＬ」と「ＪＣ」の〝最初の出会い〟は、98年11月東京で行われた。その場で「ＩＳＬ」は、日本への期待額を示す。ＪＣ関係者はこれを仰天すべき〝提示〟といい、夢の中の話に似ていたとも言った。

こうした会合のやりとりは、多くの場合、推測を含めて表面には浮かばず、まして金額がもれることはなかった。マスコミもこの段階での関心は薄い。

ところが99年2月、ＮＨＫ・海老沢勝二会長（当時）の定例記者会見で、その額が生々しく飛び出す。にわかに、98年大会の放送権料を引き合いに出しての取材や論議が激しくなる。

二大会で六億五〇〇〇万スイスフラン。「ＩＳＬ」が望んだという額である。

「ＩＳＬ」は非公式のニュアンスだった、とも言われているが、「ＪＣ」はそうは受け取らなかった。当時のレートで約五四〇億円である。98年大会でＮＨＫが「ＩＴＣ」の一員として受け持った放送権料は約五八七万スイスフラン（五億八七〇〇万円）だから、期待額を折半した一大会分（約三億二〇〇〇万スイスフラン）と比較しても、その五三・八倍になる。

協議の余地を全く見出せないといってよいほどの乱暴なオファーに「ＪＣ」は硬化した。

交渉はその後、半年以上開かれぬままに過ぎるが、水面下での〃交信〃はつづき、「ＪＣ」は当面、06年大会を凍結し、02年大会だけの契約を望んだ。

99年夏、「ＩＳＬ」はこの要望どおり、二回目となった会合で02年大会のみ二五〇億円を提示した。初会合はスイスフラン、この時は円。ときおりのぞかすエージェントの〃手〃である。

三億二〇〇〇万スイスフランを、七ヵ月前時点のレートで換算すると約二六六億円。「ＩＳＬ」にしてみれば値引きして臨んだといってよい。

「ＪＣ」は一蹴する。98年大会にＮＨＫが支払ったのは六億円に満たなかったのだと、こちらの言い分も円に変わる。空白の時が流れる。歩み寄ろうにもあまりにも大きな〃差〃であった。

ここにきて、02年、06年大会の〃放送権ビジネス〃の輪郭がはっきりと照らし出されてきた。「キルヒ」にしても「スポリス」にしても、捌く先は収入源に限界のある地上波局よりも有料契約の衛星放送局を見込んでいたのだ。それは放送権料の対価ともいえる〃競技（試合）映像〃の制作を「ＩＳＬ」が行い、日本と韓国の両放送界の手を借りないとしていたことでも裏付けられた。契約を結んだ（あるいは結ぶであろう）多くの衛星放送局は充分な制作力を持っていないため、完成度の高い映像を持ち込んでもらわなければ番組化できないのである。

そうとわかれば、二大会二八億スイスフランの巨額も肯けた。回収プラス利益は充分にはじける。

スカパーが全六四試合、JCが四〇試合をライブで

現実に日本国内でも、「JC」との交渉が難航していることを知って、96年10月にCS放送を開始した「スカイパーフェクTV」と97年12月スタートの「ディレクTV」とが大きな関心を払っていることがささやかれた。98年暮れ、日本サッカー界関係者のひとりから、このうちの一局が、二大会四五〇億円くらいまでなら考慮できる、としていると聞かされた。日本でもそのような時代が到来したのか、と強い印象をうけたものだ。

開局間もない局が、ワールドカップにそこまでの熱い視線を注ぎ、有料契約を大量に集め得る極上のコンテンツとして、その仕入れにビジネスの夢をふくらませているのだ。

99年6月、共同通信はソウル滞在中のISL、ジャンマリー・ウェーバー会長（当時）が「JCにこだわらず有料衛星放送会社も視野に入れている」と語ったニュースを送ってきた。すべてがひとつの方向へと動きはじめていることを確信させたが、一連の話はいつの間にか静まりかえる。FIFAが、96年7月の時点で「ペイ・パー・ビュー（PPV）を許可しない」としていたのが、ブレーキになったのかもしれない。ここでいう「PPV」が一番組単位（サッカーならば一試合ごと）の課金制を指すのか、「有料でなければ見られないもの」の意味なのか、プレスリリースでは不明確だったが、その後「ペイ・テレビジョン」の表現に改まっていた。

さらにFIFAは、「自国の出場する試合、オープニングゲーム、準決勝二試合、決勝は、いかなる放送局も独占的であってはならない」とも定めた。「世界のすみずみまで」という理念を薄らせて「マネーに走った」と非難される（実際に各所で火の手があがっていた）ことに、手を打たなければならなかったのである。

後日、そうした〝歯止め〟が、あまり大きな意味を持たなかったことがわかってくる。

２０００年が明けると、にわかに波立ちはじめた。ヨーロッパ筋から日本での契約が成立したとの情報が伝わり、国内の大手テレコム関係者のひとりに、放送界とは無関係の業界から日本・韓国間の衛星回線事情などの問い合わせを受けた、と打ち明けられた。「ＪＣ」以外の動きであるのは間違いなかった。

このさなかの2月27日に「スカイパーフェクＴＶ」が「ディレクＴＶ」との統合を公表する。

さらに、「ＩＳＬ」とサインを交わしていたのが電通であったことも明らかになる。電通の契約は二大会分合わせてだった。当然のなりゆきではあった。「ＩＳＬ」の株90％は「スポリス」が持ち、残る10％は電通が抱えていた。80年代には電通（オランダ電通）が49％を所有していた時期もあったのだ（スポリス51％）。

電通は「スカイパーフェクＴＶ」（以下、再び「スカパー」）と「ＪＣ」を合体させるシナリオを描いて動きはじめる。最初のページは98年暮れに早々と書かれたのではなかったか。

前述のＦＩＦＡの方針もあり、「スカパー」単独は難しかったが、「スカパー」が望む全六四試合完全ライブを主軸に、まず「スカパー」ありきで進む。そして4月末、「スカパー」と電通は条件を折り合わせ、その状況が「ＪＣ」へと伝えられた。

この展開を「ＪＣ」がそれまで気付いていないわけがない。表面的には、5月11日の民放連の会議（オリンピック放送等特別委員会）で「ＣＳ別建て案」ともいうべき「スカパー」の参加を事実上承認したことになっている。が、すでに「ＪＣ」は全試合の地上波放送権にこだわらず、確保する試合数の検討を始めていた。

問題は、「ＩＳＬ」が示した二五〇億円の放送権料だ。「スカパー」と「ＪＣ」は互いに牽制しながらも、これが〝現実的でない数字〟という点では一致していた。

99年秋、すでに二〇〇億円のラインまで降りてきた、とも言われたが、いずれにせよその負担額は、「スカパー」と「ＪＣ」それぞれの試合数が一つのカギになることは間違いなかった。ＩＳＬのウェーバー会長が、日本への期待値を「一六〇億円以上」（共同電）としていることも伝えられていた。

「スカパー」は六四試合を確保すれば、「ＪＣ」の枠に大きな制限をつけないのでは、という情報が流れたが、「ＪＣ」の負担できる額を考えれば、多くて半数の三二試合、場合によっては各試合日一試合（計二四試合）程度にとどまるのではないかと思われた。しかし、フタを開けてみると、地上波四〇試合（ほかに同カードのＢＳハイビジョン）で決着した。「スカパー」はそれ以上の試合数も〝許容範囲〟としていたことが、後日伝わってきた。

「スカパー」が全試合のＣＳ放送権を獲得し、無料で放送することを検討していることがわかったのは２０００年７月。番組編成計画とともに正式発表されたのは01年11月である。

一方「ＪＣ」は２０００年11月、確保した四〇試合をＮＨＫ二四、民放一六に分けると発表していた。

ＩＳＬのセールスシート（カタログ）では当初（98年11月）から女子やフットサルのワールドカップ、05年までのコンフェデレーションカップ（01年は日韓開催）などがパッケージされ、「スカパー」の放送権料にはそのすべてが含まれていた。02年大会の放送権料がいまだに「推定」注釈付きの上に、まちまちな数字となるのはそのためだ。

「ＪＣ」は電通との間で、しばらく七〇億円をめぐる〝攻防〟をくり返していたが、最終的には推定六六億円でまとまった。01年10月の『スポーツビジネス』誌（イギリス）によれば、「スカパー」は一億ドル、「ＪＣ」は五三〇〇万ドルとある（当時のレートは一ドル約一二〇円）。02年大会の放送権料の総額は98年大会の三〇倍を軽く超えたことになる。

完全独占となる二四試合も含めて、「スカパー」が受信の費用を無料としたのは、ＦＩＦＡの姿勢にそうというよりも、ステーションイメージを高める効果に重きを置いたからである。

高騰の果てにISLが、キルヒが、まさかの破産

海外のFIFA、「キルヒ／プリズマ」「スポリス／ISL」に対する反響も、メディアを通してさまざまであった。

1954年のスイス大会で、ヨーロッパ八ヵ国に新設されたユーロビジョンネットワークを通じて歴史的な初ライブの制作をしたキー局・スイス放送協会（SRG／SSR）は、放送権料の高額を不満とし、契約の断念を明らかにした。次回（06年）の開催国で「キルヒ」のおひざ元でもあるドイツは、公共放送のドイツ放送連盟（ARD）と第2ドイツテレビ（ZDF）が「二大会で八億マルク（当時のレートで約四五〇億円）」の提示を蹴り、交渉がいったんは決裂した。

マードック氏の「BスカイB」が02年大会だけで二億五〇〇〇万ポンドを提示（約四〇九億円）、との報道が流れたイギリスでは、同社がこれを否定したあと、地上波のイギリス放送協会（BBC）と商業放送「ITV」が二大会を二億二五〇〇万ドルで入手した（『スポーツビジネス』誌02年1月号）。両放送局の最初のオファー（希望額）は02年大会だけで上限八八〇〇万ドルと伝えられていたが、「キルヒ」は約一億五〇〇〇万ドルと強気を示し、難しい交渉がつづいていた。

前回（98年）の開催国フランスは、商業放送「TF1」が二大会合わせて一億四七〇〇万ドル（約一八六億円）でまとまったが、ライブ放送権料は02年大会が六四試合なのに対し、06年大会はとりあえず二四試合とされる。「キルヒ」は02年大会だけで約一八三億円を求めたと伝えられていた。

サッカーの黄金地域・中南米も「ITC」時代とは様相が変わり、有料衛星放送会社「ディレクTVラテンアメリカ」（アメリカ資本）が二大会を四億ドル（推定）で手に入れ、ブラジルをのぞく各国の地上波局に〝再販〟する方式となった。ブラジルは、商業放送の「グローボ」が二大会五億ドルの契約を結んだ。

韓国は、韓国放送公社（KBS）、文化放送（MBC）、ソウル放送（SBS）の三社による「コリアプー

ル」（ＫＰ）が、02年大会三五〇〇万ドル、06年大会二〇〇〇万ドル（合計約六六億円）で合意した。もつれにもつれたドイツでは、交渉の途次ＡＲＤとＺＤＦの持つオリンピック放送権とのバーターを「キルヒ」が提案するなどの一幕もあったが、両者は02年大会一億一五〇〇万ドル（約一二八億円）でようやく幕をおろせたとされる。

放送権を獲得したのは放送会社ばかりではない。日本の電通をはじめとした広告代理店なども少なくなかった。

アメリカはヒスパニック系の「ユニビジョン」がスペイン語放送権を、「メジャーリーグサッカー」（ＭＬＳ、96年発足）のマーケティング部門が英語放送権を買い取り、それをネットワークのＡＢＣやスポーツ専門ケーブル局の「ＥＳＰＮ」へ無料で提供する代りに、06年までのＭＬＳの中継を望むアイディアに出た。ＭＬＳにすれば、アメリカでのサッカー人気をあげたい苦肉の策といえた。

こうして「キルヒ」「スポリス」の両エージェントは、各地で激しい抵抗に会いながらも、放送権契約をまとめていったが、01年5月「ＩＳＬ」が経営破綻に追いこまれる事件が起きた。

不安は以前から取り沙汰され、風聞が伝わるたびにＩＳＬ—電通のラインで放送権交渉を進めていた「ＪＣ」は敏感な反応を示したが、この時はＦＩＦＡが「全面的な責任」を素早く言明したため混乱はなかった。ところが日韓大会の開幕が二ヵ月後に迫った02年4月、こんどは「キルヒ」が倒産。さすがに騒然とした雰囲気になった。とりわけ〝競技映像〟制作への不安は大きかった。

前述のようにこの業務は、ＥＢＵや日・韓放送界は無関係の立ち場にあり、「キルヒ」と「スポリス」の資金によってパリに設立された制作会社「ホストブロードキャスター・サービセスズ」（ＨＢＳ）がすべての責任を果たすことになっていた。総制作費は二億五〇〇〇万スイスフラン（推定、約二三〇億円）で、二社の破綻の影響は少なくないとみられていた。ＦＩＦＡは同グループの一つ「キルヒ・シュポルト」が引き継ぐことを明らかにし、ジョセフ・S・ブラッター会長名で「世界中のテレビ視聴者に対し高品位の映像が間違いなく届けられる」との談話を公にした。

〝競技映像〟が配信されなければ、不信は単に放送権契約だけの問題ではすまなかった。総力をあげて「HBS」を支え、FIFAが既定路線をつらぬいたのは必死の策であり、当然の措置であった。

「ISL」「キルヒ」〝崩壊〟の原因は、〝放送権バブル〟との見方が圧倒的だ。ともにワールドカップの巨額契約が直接の影響ではなく、テニスや自動車などの放送権売買に見込み違いが起きたことが主な要因だとみられている。「ISL」は営業地域の拡大にも無理があった。いずれにしても、業務の内容を広げすぎて苦しい状況を自ら招いたのは、まぎれもないことだった。

有料契約放送主導は今後もつづくか

高騰一方の放送権料はこれで落ちつきを見せるだろうか、との問いに、業界周辺は否定的だ。オリンピックは、アメリカでの放送権がついに10年バンクーバー冬季、12年ロンドン夏季の二大会で二〇億ドルのラインを突破、NBCが二二億ドル（約二六〇〇億円）で獲得した（03年6月）。

ビッグスポーツの放送権料は、不安を感じさせながらも、まだ当分は〝値下がり〟の気配をみせはしまい。気になるのは、バブルがはじけてスポーツ側が倒れてしまう悪夢だ。二つのエージェントの倒産のあおりで、FIFAは約三五億円の損失はまぬがれなかったという。〝体力〟のあるFIFAでなければ持ちこたえられなかったかも知れない。

さらに02年大会閉会前、FIFAのマイケル・ゼンルフィネン事務総長（当時）は東京で、「今大会のFIFAの支出は、二国での開催ということもあって98年フランス大会の二倍の約六五〇億円に上るだろう」と述べている。後日、FIFAが報告した日韓大会の収益は約二七三億円だった。大会はこうして、最後までマネーの話題に取り囲まれて終わった。

02年11月、ＦＩＦＡは、日韓大会が世界二一三の国と地域でテレビ放送され、のべ二八八億人が見たとするイギリスの調査会社などの資料を明らかにした。これは、時差などを割り引いて三〇〇億人台と見積もった目標を下廻った。

94年アメリカ大会ののべ三二一億人、98年フランス大会の同三三四億人より低く、90年イタリア大会の同二六七億人を辛くも上回った。有料契約放送の影響と言えなくもないが、予想以上に時差がこたえた。ワールドカップのテレビ離れとは言い切れない。06年大会の数字が注目されるところだ。

日韓にスタッフを送りこむ放送局も少なかった。最大を見込んで発注された二〇会場の放送席が満席になるケースは無く、決勝戦（横浜）でさえ埋まったのは一二〇席（三六〇人分）の80％弱にとどまった。全会場にアナウンサーなどを配置するこれまでの〝伝送方法〟に変化が起き、自国のスタジオや、メインとなったソウルの国際放送センター（ＩＢＣ）のブースへ「ＨＢＳ」の配信を引きこむ局が多くなったのだ。

有料契約放送の〝台頭〟は、手軽にワールドカップを見ることのできた98年大会までとは違い、テレビスポーツが新たな制作の時代を迎えたと言えそうである。

「スカパー」が02年大会にかけた費用は総額一七〇億円にのぼった。これには、放送権料のほかに番組の制作費、広告宣伝費、販売促進費などが含まれる（『月刊民放』02年9月号、スカイパーフェクト・コミュニケーションズ企業広報部・小松浩昭氏）。

「スカパー」の全試合ライブ独占の狙いが、ステーションの認知度を上げること（＝加入促進）にあったのは、すでに述べたが、06年ドイツ大会へのモチベーションは当初から高くはなかった。「日本でのワールドカップ」であったからこそ乗り出すメリットを見出せたのである。「スカパー」は「ＪＣ」を対立視するのではなく、早い時点から02年大会放送権の〝共同購入〟を視野に入れていたのだ。

そうした経緯であれば、二大会続けて一七〇億円もの〝投資〟は考えられない。まして〝無料〟を打ち出す理由は見つからない。

06年大会に対する「スカパー」の〝縮小〟は、ビッグイベントの有料契約放送局主導が日本ではなかなか難しいことを浮き立たせもした。本格的（？）スポーツファンのための放送という点では、惜しさもある。スポーツに限っては、日本で「ユニバーサルアクセス」の論議はしばらく起こるまい。

ドイツ大会も四〇試合を地上波で、全試合はBS、CSで

02年秋に口火が切られた06年大会の放送権をめぐる動きは「ＪＣ」の一人舞台、条件面などで慌てることはなかったように思われた。各大陸予選の経過を見ながら、六四試合のうちのいくつを望むか、じっくり検討する時間があったにも拘わらず大会の二年前に決着という早さだった。10年以降のオリンピック放送権交渉のスケジュールが作用したのだろうか。

02年大会は、日本戦四試合の視聴率（ビデオリサーチ調べ、関東地区）が、試合順に58・8％、66・1％、45・5％、48・5％をマークしたのは予想どおりとして、外国チーム同士の試合も高い数字を出した。民放としては、〝ビジネス〟になったのだ。事実、広告売り上げは目標の七五億円を超え、一〇〇億円台に達した。だが、ドイツ大会への加速は、時差をネックにして慎重に抑えられた。放送は前回なみの四〇試合で充分とし、全六四試合を熱望するファンには、ＮＨＫ・ＢＳの「全部やる」で応える。

「スカパー」は、試合翌日の日付での録画再生による全試合のＣＳ放送権を握ることで電通と合意した。放送権料は一〇億円台と推定される。

「ＪＣ」内の配分は、地上波二〇試合放送の民放が三〇億円、ＮＨＫがＢＳを含めて一〇八億円。地上波一試合あたりの放送権料は一億五〇〇〇万円。「スカパー」分を加えて、総額で一五〇億円内に収まった。

もつれたのは地上波カードの配分だ。日本戦三試合（一次リーグ）のうちの二試合を、NHKと民放のどちらが確保するかで交渉は長引いたが、NHKは、伝統的な〝決勝戦至上主義〟を放棄してまで日本戦に熱意を示し、二試合を確保。民放は夏季オリンピックでの女子マラソン同様、各局による抽選で民放枠の担当局を決めた。

世界で一八〇〇億円の声も飛ぶ2010年大会

06年大会の放送権は、日本以外は02年大会と合わせて契約を結んでいた国（放送局）が多く、契約の状況は平穏なものとなった。

前述したフランスは、TF1が結局二四試合以上の確保を望まず、新たに商業放送の「メトロポール・テレビ」（M6）が三二試合分の契約を加えたのが話題となる程度である。

むしろ、2010年の南アフリカ大会の放送権が、早くもFIFA本体によって動き出したのが目を引く。ヨーロッパではドイツ、フランス、イギリス、イタリア、スペインの五ヵ国と地上波の放送権交渉が具体的に進んでいる（06年3月末現在）。

FIFAは「キルヒ」「ISL」の破綻に懲りたのか、直轄の「FIFAマーケティング」を設けてさまざまな業務へ乗り出している。いわゆる〝組織内企業〟で、国際オリンピック委員会（IOC）が1996年に設立した「メリディアン」が、この道では〝有名〟だ。多くの国際スポーツ連盟は自前のマーケティング組織を拡充することに積極的で、スポーツビジネスの新展開として興味深い。

「FIFAマーケティング」のスタッフの多くは、旧「ISL」勢で占められており、顔はつながっている。10年大会のヨーロッパ五ヵ国との放送権交渉では、地上波とは別に、各国の有料契約放送局とも「一八試合無料」を条件に打診を行う計画だという。IOCと同様、「ユニバーサルアクセス」には慎重である。五ヵ国以外の地上波の放送権については、ＥＢＵとの交渉になるだろう。

ＦＩＦＡが再びこのような方向へ転じたのは、エージェントによる手数料を省くためで、10年大会では、ヨーロッパ地域だけで約一三三〇億円を手にできると意気込んでいる。世界市場では総額は一八〇〇億円台の声も飛んでいる。ＥＢＵにしてみれば、98年大会と比較すると高価だが、02年・06年大会の対応をベースに考えれば、待ち望んでいたホームカミングではなかろうか。

ところが、ＥＢＵは06年に入って、これまで確保しつづけていたヨーロッパ選手権の放送権をエージェントの「スポーツファイブ」（ドイツ／フランス）に持っていかれてしまった。高額が動いたという。

日本は、05年3月、電通が10年大会と合わせ14年大会（開催国未定）も購入をすませており、これまでの例からすれば、06年秋にまずは「ＪＣ」との交渉の序幕を迎えることになる。電通はスイスのマーケティング会社「インフロント・スポーツ・アンド・メディア」をサッカービジネスの新しいパートナーにして着々と力を伸ばし、06年3月、同社と共同してアジアにおける10年、14年両大会の放送権を取得している。

危うい「サッカーの世紀」

ワールドカップが先か、ヨーロッパ・サッカーシーンが先か、議論は分かれるにしても、放送権の高騰と争奪は止まるところを知らない。

アベランジェ体制に終止符を打つきっかけとなったヨーロッパ勢によるワールドカップ放送権料への〝批判〟から推せば、有料契約放送の登場によるヨーロッパテレビ界の変革でサッカーは宝の山となり、各国のリーグを黄金色に輝かせたのは間違いない。ワールドカップは、その面では後を追っている。

各国のリーグは、ライブ、録画、当日ダイジェスト、週末ハイライトなどに放送権を細分化し、巧みに地上波、衛星波局を操り、巨額権料を得ている。その結果、これまで土曜日の午後と決まっていたキックオフの時間をずらしたほか、一部の試合を日曜日にまわす事態も起きている。

放送局、エージェントなどの争いも熾烈をきわめ、06年ワールドカップの放送権を手にしたドイツの「プレミエレ」は、それと引きかえに看板のドイツリーグ（ブンデスリーガ）を05〜06年シーズンを最後に失うことが確定的となった。新たな買い手はケーブルテレビ事業を運営する「ユニティ・メディア」で、同局の持つスポーツ放送権エージェントが、「プレミエレ」のこれまでの放送権料の40％増で〝奪取〟に成功したと伝えられる。

リーグを通して分配を受ける有力クラブは、スタディアムを整備し、スーパースターを集め、ますます〝市場価値〟〝商品価値〟を拡大させ、発言権を強める。

ヨーロッパの強豪一八クラブで構成する「G14」という組織が、FIFAに対し「ワールドカップ収益の20％をクラブに配分すべきだ」などの主張を繰り返すようにもなった。

その一方で、1999年1月にFIFAのブラッター会長が「ワールドカップサッカーを二年おきに」とスイスのマスコミに語った私見は、オリンピック競技がらみの思惑との観測も重なってヨーロッパ勢の反発を買い、鳴りをひそめている。

すべてはマネーにまつわる、とまでは言わないが、巨額の波間にただようだけで競技の〝品質〟をおろそかにして「サッカーの世紀」を謳歌しようとすれば、どこかでその姿は沈みかねない。

日本のサッカーも例外とはなるまい――。

3 アメリカにおけるスポーツのビジネス化とテレビ放送権

隅井孝雄
国際メディアアナリスト

サッカー、メジャーにあと一歩

アメリカではメジャーリーグ（野球）、NBA（バスケット）、NFL（アメリカンフットボール）、NHL（アイスホッケー）の四大プロスポーツが隆盛を極めているが、サッカーはテレビ中継も少なく、商業主義の波から取り残されているように見える。

しかしサッカーの裾野は広く、アメリカの小中学生たちのコミュニティーでのサッカークラブは私たちの想像以上に地域に根を下ろしている。郊外に住み、下校後のわが子をサッカーグラウンドに車で送り迎えする30代、40代の母親たちは、サッカー・ママと呼ばれる。彼女たちは広告主のターゲットであるばかりでなく、２０００年の大統領選挙でもブッシュ、ゴア両陣営がサッカー・ママの投票獲得にしのぎを削った。

アメリカには、それに加えてヒスパニックと呼ばれるスペイン語を話す大量の移民が存在している。彼らもまた、熱心なサッカーファンである。そのために、アメリカ国内のスペイン語テレビチャンネル、スペイン語ケーブルテレビでは、絶え間なくアナウンサーが絶叫するサッカー中継が放送されている。そういう意味では、アメリカもサッカー王国の一角を占める存在であるのだといえる。１９９４年、アメリカで開催されたワールドカップではアメリカのナショナルチームが大健闘し、決勝リーグに残る寸前まで行って、アメリカ国民を沸かせたし、99年の女子ワールドカップではアメリカが抜群の強さを発揮し、決勝で中国を破ったことは記憶に新しい。

特に96年のアトランタ五輪と、99年のワールドカップでアメリカ女子サッカーチームをリードして優勝をもたらした俊足、正確無比のアタッカー、ミア・ハムというスターの出現は、アメリカのサッカー熱を大いに高めた。マイケル・ジョーダンと競演するテレビCM（スポーツドリンク）があるということは、人気の高さを示すものだといえる。

アメリカで開催されたこの二つのワールドカップは、当然アメリカでも中継放送され、高視聴率を上げたが、そのアメリカでサッカーがテレビのスポーツ番組としてなかなか育たないのは、競技の流れから見てコマーシャルを入れることが出来ないことが重大な隘路になっているからだ、とテレビ関係者の多くは見ている。鶏と卵の関係だが、テレビ放送権収入という潤沢な資金の裏づけのないアメリカサッカー界では、強力なプロチームのリーグも育ちにくい。

アメリカのサッカーはそれでもリーグが始まった。95年に男子のメジャーリーグ・サッカーが、そして女子サッカーは2001年冬からレギュラー・シーズンを開始した。

サッカーにCMがふんだんに入れられるようなルール改正は果たしていつ起きるのだろうか。

バルセロナ五輪、NBCペイテレビ方式の失敗

2002年のワールドカップサッカーの放送権を巡って、公共放送あるいは無料放送によるユニバーサル視聴か、ペイテレビによる有料視聴かの論議が各国で起きたが、アメリカではスポーツのビッグイベントに関する限り、この論議はほとんど問題になっていない。原因は92年のバルセロナ・オリンピックにある。

この大会は、アメリカではNBCがテレビ放送権をもっていたが、NBCは新しい放送方式として、ケーブルチャンネルを確保して有料ですべてのゲームを放送する計画を立てた。ケーブルを三チャンネル借りき

り、一五日間一二五ドル、一日三〇ドルのパッケージである。二〇〇万世帯が契約すれば採算が取れると二〇〇〇本の集中テレビスポット、三三〇〇万通のパンフレット、五〇〇万通のダイレクトメールなどで宣伝に努めたのだが、結果的には惨敗。契約は五〇〇〇件に止まった。地上波のCM収入の大半がその穴埋めに消えた。当時、天文学的と思われた四億ドルの放送権料に一億ドルのペイテレビの損失が加わったのである。

この苦い経験から、大きなスポーツ・イベントはスポンサーつきの地上波ネットワークまたはケーブルのベーシック・スポーツチャンネル（ESPNなど）による無料放送がいちばん適しているということになり、ビッグイベント・スポーツ放送有料化の試みは消えた。

もちろん、ディレクTVがNFL専門チャンネルで年間指定席やフランチャイズ・パッケージを組むなど、これまでも有料放送が行われている。しかし、ディレクTVのスポーツ・パッケージ加入は思ったほどは伸びていない。いずれもマイナーな補完的な存在に止まっていると言っていいだろう。

NFLにみる巨大な観客動員、巨大な広告収入

経済的には「マンデーナイト・フットボール」、「スーパー・ボウル」、「ワールドシリーズ」などテレビ・ネットワークによる巨大な観客動員、巨大な広告収入に匹敵するものはない。つまり、アメリカではテレビ・ネットワークによる全国放送こそがユニバーサル視聴の唯一の手段だと見ることができるのだ。

２０００年の第三四回スーパー・ボウルはセントルイス・ラムズ対テキサス・タイタンズで争われたが、好試合で最後の一分まで勝敗の行方がわからないという接戦であったため視聴率も43％を記録し、一億三〇〇〇万人が視聴したと記録されている。

ABCテレビが放送したこの巨大なスポーツ・イベントのコマーシャル料金は三〇秒一本が平均一八〇万ドル。最高値のCMは二〇〇万ドルだったとも言われる。スーパー・ボウルの中で放送された五二本のコマー

シャルの総額は一億三〇〇〇万ドルであった。それでも視聴者一人あたり一ドル強の負担だから、安いエンターテインメントである。

２００１年の放送はＣＢＳに移ったが、ＣＭ料金はさらに跳ね上がって三〇秒二四〇万ドルでＣＭ枠が埋まった。

スーパー・ボウルのドットコムＣＭ

一年にたった四～五時間放送されるにすぎないスーパー・ボウルは、テレビ・スポーツ最大のイベントとして隆盛を誇っているが、その中で放送されるコマーシャルも一つの社会現象として注目を浴びる。

これまでバドワイザーやＧＭなどアメリカを代表する広告スポンサーがＣＭ枠を独占するショウウインドウであったが、２０００年に異変が起きた。一七のドットコム企業が高額な三〇秒ＣＭを買ったのだ。中には前年の売上が一〇〇万ドルだった企業が銀行からの借り入れで二二〇万ドルのＣＭ料を払った。たった一回の三〇秒ＣＭだが、99年の例だと放送直後からアクセス件数が４５０％も増え、それが持続する。アクセスが数十倍、数百倍になる可能性もあるという。ドットコム企業はアクセス数が命。どの社もＣＭ放送直後からアクセスが急増、当日の一七社のアクセス数は四〇〇万件を数えた。参加した企業は、求人、中古車、文具店チェーン、旅行斡旋、金融などさまざまだったが、インターネットでの売上が天文学的に伸び、そのサイトに入る広告量も一〇倍近くに跳ね上がった。

これだけの経済効果をもたらすビッグスポーツＮＦＬは、放送権が高騰、アメリカのプロスポーツの中で飛びぬけて高額である。１９９８年から２００５年シーズンまでの八年間の放送権料が一七六億ドル。年平均二二億ドルの放送権料をＦＯＸ、ＣＢＳ、ＡＢＣ、ＥＳＰＮの四つのネットワークが五億ドルから六億ドルで分け合っている。

ニューヨーク・ヤンキースはラジオ・テレビ放送の元祖だ

アメリカはスポーツ商業主義の大本山であるという事実は疑いもないが、それはテレビによる中継放送と深く結びついている。

アメリカ球界でベーブ・ルースがヤンキースに入団、ホームラン量産が始まった1920年はラジオ放送が始まった年でもある。ラジオ実況放送は21年のワールドシリーズが最初だが、その後、大衆娯楽としての野球の隆盛は、ラジオ放送とその歩みをともにした。そして、ラジオ放送に支えられた野球はアメリカのスポーツの王座に駆け上がり、ベーブ・ルースは瞬く間にアメリカのヒーローとなった。

テレビの野球中継開始は1946年。ニューヨーク・ヤンキースのゲームがニューヨークのWNBCで放送されたが、当時の放送権料として七万五〇〇〇ドルがヤンキースに入った。ワールドシリーズのテレビ放送はその三年後49年からになる。ニューヨーク・ヤンキースがブルックリン・ドジャースと対決して全米を沸かせたが、テレビ時代の初頭を飾ったヒーローは、ジョー・ディマジオとジャッキー・ロビンソンであった。

2000年にニューヨーク・ヤンキースが三年連続でワールドシリーズを制したが、これはアメリカ一潤沢な放送権収入をもつヤンキースが有力選手を次々に補強して最強の陣容を整えているからに他ならない。例えばヤンキースの選手の99年の年俸平均額は三二一万八〇〇〇ドルである（選手会資料より）。95年に二〇〇万ドルだった平均年俸が、四年間に60％以上上積みされたことになる。当時のメジャーリーグ全体の平均年俸は一六〇万ドル、最下位のロイヤルズが五二万ドルであることを見ても、ヤンキースの突出ぶりが見て取れる。

ニューヨークがフランチャイズであるため、視聴者の基礎数が大きいこともあずかって、放送権収入の配分が大きく、潤沢な資金を誇っていることがこの数字からもうかがわれる。そして、その淵源は八五年前、1921年にさかのぼるものだと言えよう。

2001年からメジャーリーグはFOX独占へ

アメリカのメジャーリーグ・ベースボールは、NBCとFOXの二つのネットワークがワールドシリーズなどのビッグイベントを分け合う契約が2000年で終わり、2001年からの新しい契約となった。

強気のリーグ側は、放送権料を二倍以上に引き上げる姿勢を示したが、NBCはメジャーリーグの年間二億四〇〇〇万ドルの要求（00年は年間八〇〇〇万ドル）を断って更新に至らなかった。FOXも三倍の年間三億六〇〇〇万ドルというオファーにのらず、契約は公開入札ということになった。

しかし、他の二つのネットワークCBSとABCが手を上げなかったため、最終的にFOXがワールドシリーズ、オールスターなどを含めた2001年からの六年間を二五億ドル（年間四億一七〇〇万ドル）で独占契約することとなった。FOXの新しい契約は、ローカルやケーブルでの地域ゲームの放送を含む総合的なオールライツ契約になったところに特徴がある。

メジャーリーグが強気に出たのは、2000年スタートの新しい六年契約を結んだケーブル・スポーツ・チャンネルのESPNが前回の四倍、八億五一〇〇万ドルを払ったことも影響している。ESPNはシーズン中のゲーム一〇五試合をテレビで、全試合をESPNラジオで放送するのだが、一年ごとのエスカレーション方式の契約であるため、2003年には年間の放送権料が一億七五〇〇万ドルになった。四三〇〇万ドルだった99年の四倍である。

前回の放送権交渉の時には、メジャーリーグは観客動員が下落し、人気が落ちていた。加えて94年のストライキが泥沼化したことも不人気に拍車をかけた。しかし、その後マクガイヤとソーサのホームラン競争、名門ヤンキースの復活で人気回復を果たしている。特にファンの数が多く、テレビの視聴者数も群を抜いている大都市チーム・ヤンキースのワールド・シリーズ三連覇がメジャーリーグ人気に貢献したことは否めない事実である。しかし、2000年のオールスターとワールドシリーズの視聴率が予想外に低迷したことが、メジャーリーグ側にマイナスに働いた。

一ネットワークによるメジャーリーグの独占は、90年から四年間、CBSが一〇億六〇〇〇万ドルで契約して以来である。CBSはこのときおよそ五億ドルの損失を計上したといわれる。

FOXスポーツネットによる野球のローカル独占進む

メジャーリーグの中継放送の全国ネットは、日本と違ってオールスター・ゲーム、リーグ・プレイオフ、ワールドシリーズにほぼ限られている。シーズン中のレギュラー・ゲームはそれぞれのフランチャイズである地元ローカル局の専売特許であった。そのローカル放送に、2000年頃から変化の風が吹き始めた。

ケーブル局へスポーツ番組を配信するフォックス・スポーツ・ネットワークが、FOXの直営局、加盟局と手を組んで次々と放送権を手に入れたのだ。例えば、ダラスのFOX直営局がテキサス・レンジャーズの放送権六七試合を2000年から一〇年間、二億ドルで入手。またテキサスなど南西部一体のケーブル放送権を一五年間三億ドルでフォックス・スポーツネットが手に入れた。セントルイス・カージナルスの中西部での放送権も四年間を一二〇〇万ドルでフォックス・スポーツネットがとった。こうしてFOXは二一地区でケーブルとローカル局の地域ネットワークをまたたく間に構築した。

地域ごとのネットワーク放送という新しいアイデアで、ケーブルとローカル局を組み合わせながら広いアメリカのすべてのエリアで放送権獲得にのりだしたFOXの勢いは盛んである。既存のネットワークが敬遠ぎみなレギュラー・ゲームは、全国放送では視聴率を取れないが、フランチャイズに密着したローカル放送では高い視聴率が取れ、ローカルCMも吸収できるとするFOXの思惑は的中、メジャーリーグの活性化に貢献している。FOXが放送権を持っているチームの数は2000年5月で三〇チーム、放送権料の合計は一億八九四〇万ドルになる（ブロードキャスティング・アンド・ケーブルによる）。これはローカル放送権料総額（約四億ドル）の約50％に達する。

大学バスケのオールライツをとったCBS/Viacomの戦略

テレビで放送される人気のプロスポーツに伍して、大学スポーツで高額な放送権料を取り、プレイオフでは全米を熱狂させるのがＮＣＡＡ（カレッジ体育協会）のバスケットである。

例えば１９９４年から２００２年までの八年間をＣＢＳが独占したが、この金額は一七億六〇〇〇万ドルという高額なもの。ところが、２０００年11月にＣＢＳが発表した２００２年以降の契約条件は、関係者をびっくりさせた。２００２年からの一四年間で五二億ドル、一年あたり三億七一五〇万ドルである。２００１年までの放送権はＣＢＳのネットワークのためのものだったが、新しい契約ではＣＢＳを中心にケーブル、衛星、ラジオ、インターネット、出版、関連グッズなどすべてを含むオールライツの権利である。そこに新しさがあった。

実はＣＢＳは、99年にメディア巨大企業の一つViacom（ヴィアコム）に買収され、その傘下に入った。ヴィアコムは映画のパラマウント、パラマウントビデオ、ケーブル・チャンネルのＭＴＶ、コメディーセントラル、ニカローディアン（子供向け）、ビデオレンタルの最大手ブロックバスター、出版大手のサイモン・アンド・シュスター、テーマパークなどを所有している総合メディア会社である。これに二〇〇局のテレビ系列、一六三〇局のＣＢＳ／インフィニティー・ラジオが加わった新しいCBS/Viacomは、巨大なメディア総合資本に変身した。

新しいメディア秩序に適合した放送権獲得の動きが始まったと見るべきだろう。

M1（12―34歳男性）は金の卵

放送権の高額化とは逆に、アメリカのテレビ・スポーツでは、視聴率は下降気味である。それぞれ個別のさまざまな理由がある。98年の長野オリンピックは昼と夜が逆になる一三時間の時差に加えて、アメリカがウインター・スポーツに弱く、スター選手がいなかった。つまり、星条旗があがった数が少なかったため、CBSは苦杯をなめた。

2000年のシドニーは、NBCが深夜の生放送を嫌って、一日遅れでプライムタイムに録画放送をしたことが視聴者の反感を買って視聴率は低迷した。

五三年ぶりの〝地下鉄〟ニューヨーク対決となった2000年のワールド・シリーズは、ニューヨークでは史上空前42％の高視聴率を取ったものの、全米の視聴者からはそっぽを向かれた。五試合の平均は18・1％、過去五年間の最低だった。

バスケットのNBAも98年のストライキの後遺症は脱したが、マイケル・ジョーダンのようなスーパーヒーローがまだ現れないことから、国民的盛り上がりに欠ける。

タイガー・ウッズで視聴率急上昇のゴルフ番組は別格として、まあまあ健闘しているといえるのはアメリカン・フットボール（NFL）ぐらいなものである。

にもかかわらず、スポーツ組織の側も、テレビ局の側も、視聴人口の減少を気にしている様子は見られない。ネットワーク、ローカル放送、ケーブル、衛星など多チャンネル化が進み、スポーツ放送も多様化したため、視聴者の分散は避けられない。スポーツやテレビの関係者が見ているのは、アメリカ全体のスポーツ人口の増大である。事実、競技場にかんこ鳥が鳴いた1980年代に比べると、どの競技にも観客の活気があふれているし、スポーツとスポーツニュースのテレビ視聴者も全体としては増加しているのだ。

それに加えてテレビ関係者が注目しているのは、12歳から34歳の男性、または18歳から42歳の男女という

レギュラー・シーズン・ゲーム視聴率比較

テレビ・スポーツ・リーグ名	98年		99年	
	平均視聴率	試合毎視聴者数	平均視聴率	試合毎視聴者数
ＮＢＡ	4.3%	6,300,000	3.4%	5,500,000
ＭＬＢ	3.5%	3,900,000	2.9%	3,800,000
ＮＦＬ	11.5%	16,000,000	11.3%	16,000,000

ＮＦＬは2000年のシーズンで16,400,000に増えた
Advertising Age 10/9/2000, New York Post 11/13/2000などから試算

比較的若い視聴者が、最近のスポーツ放送のメイン・オーディエンスを形成していることが明らかになったことである。

視聴率が低かったといわれる２０００年のワールドシリーズも、階層別の調査では20代、30代が一〇〇〇万人に達し、テレビの人気ドラマ『フレンズ』や『ＥＲ』を上回った。10代～30代の男性はスポンサーが最も必要とする階層であるため、テレビ放送権の高騰で高い買い物になっているにもかかわらず広告主が群がる、という構図になっているのがアメリカである。

サッカー、女子バスケ、過激フットボールも次々と

そのアメリカで、90年代半ばからテレビ放送を当てにした新しいスポーツ・リーグが次々と旗揚げした。メジャーリーグ・サッカー（ＭＳＬ、95年）、女子バスケット（ＷＮＢＡ、97年）、ナショナル・ラクロス・リーグ（ＮＬＬ、98年）などにつづいて、二四年前に一度挫折したプロバスケットＡＢＡ（アメリカン・バスケット）が２０００年12月に再び旗揚げした。翌01年には、過激なアクションを売り物にする新しいスタイルのアメリカン・フットボールＸＦＬが2月に、また99年のワールドカップ以来人気急上昇の女子サッカーの新組織ＷＵＳＡも、4月にスタートした。

新しいスポーツ・リーグの中でも、異色はエクストリーム・フットボール・リーグＸＦＬだった。これはプロレスのＷＷＦが主催し、テレビ・ネットワークのＮＢＣがリーグの株を50％取得して対等パートナーとして運営に参加、

土曜日のプライムタイムにフットボールのゲームを編成することで始まった。

NBCは98年にNFLとの契約更新に失敗、プロフットボールから締め出されていた。当時、NFLがオファーした高額の放送権を、〝放送の常識を超える〟としてNBCは激しく批判。交渉を放棄して、結局FOXが放送権をさらっていった。しかし、NBCはそのために10代、20代の男性視聴者を失うという高い代償を払うことになった。WWFのプロレスはNBCが欲しい12〜24歳の若い男性層が視聴者のコアになっている。そのため、新形式のフットボールをWWFと組んで開発し、番組に組み込んでいこうということで踏み込んだようだ。

XFLはニューヨーク、ロサンゼルスなど主要八都市の八チームでスタート、2001年2月から放送を開始した。プロレスの激しいアクションをフットボールに組み込んだ新しいルールで試合を行ない、テレビカメラやマイクは、サイドラインはもとより、選手のヘルメット、コーチ、ロッカールームにも取り付けられた。まさにテレビ演出と一体となったスポーツで、究極のスポーツ商業主義をためらいなく前面に押し立てたこころみだったが、視聴率は低迷して一年で撤退に追い込まれた。女子サッカーWUSAも三年で幕を閉じた。いずれも放送権ビジネスを失ったことが決定打となった。

新しいスポーツ・リーグが次々に登場する背景には、FOXの参入でネットワーク間の獲得競争が激化したことのほかに、世帯普及率70%に達したケーブル・ネットワークにとってスポーツ・コンテンツが重要な素材になってきたという事情がある。そして、アメリカの好況に支えられて、これらのスポーツ放送のCMをかなりの高額で吸収するスポンサーが存在していることも見逃せない。

タイガー・ウッズ現象でゴルフもメジャーに

タイガー・ウッズ現象で、ゴルフがテレビ・スポーツのメジャーゲームとしての階段を駆け上がっている。２０００年８月22日にＣＢＳで放送された全米ゴルフ選手権は視聴率10％。ゴルフ史上最高である。この日のプレイオフの時間帯では17・６％を記録した。99年の選手権は７・７％だったから10ポイント増である。２０００年２月のビューイック・インビテーションでは、同じ時間帯のＮＢＡ（バスケット）のオールスター・ゲームを上回った記録を出している。

ゴルフといえば、年配のビジネスマンが視聴者というのがこれまでの常識だった。ところがタイガー・ウッズはそれを覆し、若い世代やマイノリティなど、今までとは異なる階層の視聴者にアピールしている。そして、それは広告主が最も欲しがる階層なのである。

ＧＭ（ゼネラル・モーターズ）が五年契約で三〇〇〇万ドルをウッズに払った。ビューイックを若者に売り込む広報戦略である。ナイキはウッズとの契約で、若いゴルフ・プレーヤーが激増しているなか、一〇億ドルといわれるゴルフ・ビジネスに参入した。ウッズはナイキのボールを使い、ナイキのロゴのついた帽子やシャツをまとい、テレビにも新聞にも雑誌にも大量にナイキのゴルフ用品が露出する。すでにナイキは、一年にして年商一億二〇〇〇万ドルを売り上げ、ゴルフ・マーケット参入を果たした。

99年に四〇〇〇万ドルでタイガー・ウッズと二年契約を結んだナイキは、成功に気を良くして、２００１年からの五年契約を九〇〇〇万ドルで結んだ。

スポーツ・テレビ放送とスポンサーは、このように密接に関連してスポーツを巨大なビジネスに転化している様子がうかがえる。

シドニー・オリンピック、ＮＢＣの誤算

ロサンゼルス・オリンピックがスポンサーとテレビ放送権で二億一五〇〇万ドルの純利益をあげたのは１９８４年であった。それまでは開催国の国家財政で赤字を埋めるのが精一杯だったオリンピックが、巨大な

ビジネスに転換してから二十余年。オリンピックの巨大化と商業主義化は止まるところを知らない。

２０００年のシドニー・オリンピックは放送権一三億ドル、公式スポンサー料五億五〇〇〇万ドル、入場料収入三億五〇〇〇万ドル、ライセンス料、開催地スポンサー料三億八〇〇〇万ドル、合わせて二六億ドルが動いた。ＮＢＣが支払ったアメリカ放送権料は七億ドルを超えるのに加え、五億ドルを払ったオフィシャル・スポンサーのほとんどが事実上のアメリカ企業だから、ほぼ50％のオリンピック資金がアメリカから出ていることになる。まさにアメリカはオリンピック大国でもある。

しかし、そのオリンピック大国で異変が起こった。

ＮＢＣにとってシドニー・オリンピックの前人気は上々だった。放送権料七億一五〇〇万ドル、制作費一億二五〇〇万ドルで合計八億四〇〇〇万ドルを支出したが、事前に売り上げたコマーシャルはアメリカの好況を追い風に九億ドル。ほぼ六〇〇〇万ドルが丸々手付かずの収入となるはずであった。

プライムタイムで三〇秒六一万ドルという高額ＣＭを一時間に九分から一〇分詰め込んでの船出となった。しかし、実際に放送が始まると、予想した視聴率を著しく下回る結果となったのである。ＮＢＣの予測ではプライムタイム平均18％、スポンサーには16％を保証したのだが、終わってみれば平均視聴率は13・8％に止まった。二年前にＣＢＳが独占した長野オリンピックも予測を下回ったが、それでも16・２％。アトランタの21・５％を大きく下回ったのだ。

アメリカのテレビでは大きなイベントの場合、広告主に保証（ギャランティ）した視聴率を下回った場合、視聴率との差を出稿ＣＭ本数で掛けて補償（コンペンセイト）する商習慣がある。業界用語でそれをメイク・グッドＣＭと呼んでいる。

ＮＢＣは視聴率が保証を下回ることがわかった二週目から、オリンピック番組の中で予定した番組宣伝スポットをメイク・グッドＣＭに切り替えたが、それでも間に合わず、一時間あたり九分だったＣＭ時間を一

アメリカにおけるオリンピックの平均視聴率と放送権料

夏季五輪	開催都市	視聴率	放送権料
1984	ロサンゼルス	23.2	2億2500万ドル
1988	ソウル	17.9	3億2100万ドル
1992	バルセロナ	17.5	4億0100万ドル
1996	アトランタ	21.5	4億5600万ドル
2000	シドニー	13.8	7億1500万ドル
2004	アテネ	15.0	7億9300万ドル
2008	北京	?	8億9400万ドル
冬季五輪	開催都市	視聴率	放送権料
1998	長野	16.3	3億7500万円
2002	ソルトレーク	19.2	5億5500万円
2006	トリノ	12.2	8億8400万円

注　①視聴率は夜の時間帯（プライムタイム）の平均視聴率。②冬季五輪のこれまでの最低視聴率は1968年グルノーブルの13.4%だった。

一分～一五分に伸ばし、閉会式では二一分のCMを詰め込むことによって減収を何とかまぬかれた。約三〇分にのぼる埋め合わせCMをオリンピック放送の中に紛れ込ませることに成功したというわけだ。

経済的損失はまぬかれたものの、めでたさも半ば、といった気分であったことは想像に難くない。

ヒーロー不在、変わる情報環境

どうしてこのような予想外の事態が起こったのだろうか。

シドニー・オリンピックではアメリカの選手が振るわず、ヒーローが出なかったことが原因の一つである。水泳陣がオーストラリアに人気を取られたし、アトランタで活躍した女子体操チームも形無しだった。陸上のマイケル・ジョンソンやマリオン・ジョーンズにもアメリカが好む劇的なドラマが欠けていた。

しかし最大の原因は、一五時間の時差を気にしたNBCが生放送をあきらめ、プライムタイム用にビッグイベントを録画で流したことにあると見られている。ニュース番組やインターネットですでに結果がわかっているスポーツ・ドラマに、人々が関心を示さなかったということではなかろうか。

また、情報環境も大きく変わり、インターネットでオリンピックのオフィシャル・サイトに多くの人々がアクセスし、オリンピック競技の情報をリアルタイムで入手していたことも大きく影響しているものと見られる。テレビ放送と並行して実施したＮＢＣのオリンピック・サイトは六〇〇万人のビジターを記録し、平均のブラウズタイムは予想の二倍、四五分に達したとＮＢＣは述べている。ＮＢＣは、オリンピックサイトをＩＢＭ、ビザ、ＧＭ、ＧＥ、アディダスなど一〇のナショナル・スポンサーに各一五〇〇万ドルの料金で売った。オリンピックに関連するスポーツ用品などは、取引のフィーを加算したにもかかわらず良く売れたという。

テレビ放送とオンライン情報のパッケージという新しい情報伝達は、新たな大きなビジネスであることがうかがわれる。

新しい情報流通、インターネットの映像ストリーミング

シドニー・オリンピックでは、インターネット上のオリンピック情報と映像は全面的に規制された。参加選手が写真やデジタル・ホームビデオを織り交ぜながら報告することも禁止され、多くのオリンピック選手がホームページを閉じることを余儀なくされた。既存のテレビ放送権に抵触するばかりではなく、インターネットに国境がないところから、地域的なテレビ放送権との調整がつかないという理由からだった。

ところが、オリンピック終了後の２０００年12月、ローザンヌでオリンピックとニューメディア世界会議が開かれ、席上、ＩＯＣはインターネット放送権を設定する意向を明らかにした。

インターネットの映像送信は、これまでは技術的制約から数分のニュースクリップ程度に限られるものと見られ、本格的メディアではないと見られてきた。しかし、最近の技術的発展で、映像を長時間切れ目なしに流すストリーミング技術が発達、ブロードバンド経由でテレビと同様の長時間生放送が可能になりつつある。ストリーミング技術は情報を蓄積していくダウンロードと違って、送られた情報を少しずつ区切って画

面上に再生するため、テレビと同じ連続したリアルタイムの映像を切れ目なく送信できる。
また一瞬にして国境を越えるインターネットは、国や地域ごとに割り当てられているテレビ放送権とぶつかり合って実現困難だとの見方がこれまで支配的だったが、技術の進歩がその問題をクリヤーした。国ごとに割り振られているIPアドレスで、サーバーへのアクセスを国あるいは都市ごとに限定できるからだ。シドニー・オリンピックの直後、同じシドニーで開かれたパラリンピックでは、アメリカのインターネット企業「ウイ・ネット」の手によって初めてのインターネット画像生放送が行われ、好評を博した。インターネットによる画像送信には双方向のデータ・サービスがついているため、利用者にはテレビを上回る情報手段として歓迎されたのは言うまでもない。

インターネットの双方向画像送信はeコマース（電子商取引）に結びつく。広告媒体としての新しい活用が考えられるが、IOCは、新しい収入源として目の前に広がっている巨大な世界的マーケットに着目している。こうしてオリンピック・ビジネスは新たな展開に進み、オリンピックの商業化、巨大化にさらに拍車をかけるという側面もある。

解決しなければならない問題はコピー・ライト、オリンピック映像の知的所有権である。インターネットの回線に乗ったデジタル映像は、コピーしても画像は劣化しない。オリジナル同様のコピーをいくらでも作ることができる。しかも、その画像をそのまま、あるいは再編集、書き込みしたものをもう一度インターネットに乗せれば、制限なしにすべてのインターネット利用者が無料でアクセスできる。本来規制のない自由なメディアであるインターネットの特性とコピー・ガードとを矛盾なく両立させる方法は、今のところまだ見つかっていない。

グローバルな新しい情報メディアを、地球は一つというグローバルな理想を掲げるオリンピックがどう組み込んでいくのか、十分な論議が必要となろう。

スポーツ・ビジネスに地殻変動の兆し

アメリカでは、ヨーロッパと異なりスポーツ放送のユニバーサル・アクセス、最大限視聴は、メディアとしての普及率が最も高く、なおかつメディアとしてのパワーが最も強いテレビ・ネットワークが放送することが条件になるだろう。逆説的だが、商業主義に徹することが公共性の確保にもつながる、という構造がある。無料のテレビ・ネットワークでスポーツ番組を見る膨大な視聴者を当てにして、巨額の広告費が投下され、冠スポンサーがつく。それがスポーツ大国を支えている経済的源泉となっているからだ。

シドニー・オリンピックで、アメリカからのテレビ放送権収入の10％、七五〇〇万ドル（約八二億円）がそっくりアメリカに還流した。ＩＯＣとアメリカ・オリンピック委員会の協定によるもので、アテネではアメリカの取り分は12・75％に跳ね上がった。公式スポンサーのほとんどがアメリカ企業であり、アメリカのテレビ局ＮＢＣの支払った放送権料は群を抜いて大きい金額だから、結果的に国内オリンピック組織への利益配分が大きくなるのだ。こうして環流してくる潤沢な資金でアメリカのスポーツ人口が増え、選手の層はますます厚くなる。

２００１年メジャーリーグで、マリナーズからレンジャーズに移籍したアレックス・ロドリゲス選手（その後ヤンキースに移籍）が一〇年契約で二億五二〇〇万ドル、約二八〇億円という巨額な契約金（年俸二八億円）を獲得して話題になった。イチロー獲得のためにシアトル・マリナーズは、一三一二万五〇〇〇ドル、約一四億円の巨費をオリックスに払った。イチローの年俸は、メジャーリーグの当時の日本人選手としては最高の五〇〇万ドルだった。

いずれも資金の源は潤沢な放送権収入である。レンジャーズはブッシュ大統領が立候補の際に二億五〇〇〇万ドルで売却したが、ブッシュの名が幸いして、一五年間で五億五〇〇〇万ドルのローカルテレビ放送権と一〇年間で二億ドルの全国放送権が入ってくる。イチロー、さらには城島を持つマリナーズは日本からの地域放送権収入があてにできる。

トリノ五輪は史上最低の視聴率

ＮＢＣが放送した２００６年トリノ冬季オリンピックの視聴率が激減、オリンピック史上最低を記録したことはアメリカのテレビ界、スポーツ界に衝撃を与えている。

開会式の2月10日から閉会式26日までの一七日間、アメリカの夜の時間帯での一日平均視聴者数は二〇二〇万人。地元開催であり、９・11後の高揚の中で開催された２００２年ソルトレーク冬季五輪には一日平均三一九〇万人の視聴者がいた。35％近い一一七〇万人が消えてしまったことになる。ソルトレークは例外的だとしても、98年の長野オリンピックが二五一〇万人であったことと比べても、06年のオリンピック離れは激しい。

ＮＢＣがスポンサーに保障したのは12％～20％の視聴率だったが、調査会社ニールセンによると、オリンピック放送のプライムタイム平均は12・２％であったから、かろうじてハードルを越えて着地したということができる。しかし、これまでオリンピック史上最低であった１９６８年のグルノーブル五輪の視聴率13・４％を下回った。

大会最大の見もの、フィギャースケートでは、アメリカのホープ、ミッシェル・クワンの欠場、アルペンスキーのボード・ミラーの不振なども手伝い、２月20日～26日の視聴率では、ＦＯＸの人気番組『アメリカン・アイドル』31・６％、ＡＢＣの『ダンシング・ウイズ・スターズ』27・２％など、他局のレギュラー番組がベストテン上位を独占する有様であった。

ＮＢＣはトリノ五輪の総経費一五億ドルの40％にも当たる六億一三〇〇万ドルという巨費を支払っている。視聴率が不振であったにもかかわらず、プライムタイムのオリンピック放送は30秒ＣＭ一本五〇万ドルから七〇万ドル（六〇〇〇万円から八〇〇〇万円）で取引され、トータルで九億ドル近くを稼いだ計算になる。ＮＢＣテレビネットワーク部門の責任者ランディー・ファルコは、「制作費を一億ドル以上使ったが、利益は六〇〇〇万ドルから七〇〇〇万ドルになる」と発言している。

テレビ地上波放送にははるかに及ばないものの、大会期間中九一〇万ビデオストリームに達したインターネット、ケイタイなどのモーバイルサービスは、ＮＢＣに六〇〇万ドル以上の追加利益をもたらした。これはインターネット放送が手にした初の利益である。衛星、ケーブル、インターネット、そしてデジタルテレビと多様化するメディア環境の中で、地上波の視聴率の落ち込みは吸収される、とＮＢＣは強気の見通しを捨ててはいない。

２０００年のシドニーから08年の北京まで、夏冬五大会の放送権を独占してきたＮＢＣは、さらに10年（バンクーバー冬季）と12年（ロンドン夏季）の二大会を二二億ドルで獲得した。北京の八億九四〇〇万ドルをはるかに超えて、アメリカのオリンピック放送権は一大会一〇億ドルの大台を一気に突破することになった。

ＮＦＬの多メディア作戦

オリンピックだけでなく多くのテレビスポーツ中継の視聴率は地盤沈下しているものの、放送権料は依然として高騰を続けている。

06年2月のＮＦＬスーパーボウルは視聴者九〇〇〇万人、30秒ＣＭ一本二五〇万ドル（三億円）であった。アメリカの国内スポーツでもっとも勢いのいいＮＦＬの06年から12年までの放送権交渉はネットワーク間で熾烈な獲得競争が繰り広げられた結果、ＸＦＬ事件で締め出されていたＮＢＣが九年ぶりにサンデー・ナイトに復帰したことも手伝い、ＦＯＸ、ＣＢＳ、ＮＢＣ、ＥＳＰＮの四系列の六年間（ＥＳＰＮは14年までの八年間）のトータルは実に一六四億ドル（一兆九六〇〇億円）、年平均二四億ドルに達する。

アメリカ主要スポーツ放送権一覧

（単位：100万ドル）

スポーツ	放送	契約期間	放送権料	
			総額	年平均
MLB（ベースボール）	FOX（07年以降は未定）	01年～06年（6年）	2,500	417
	ESPN（13年まで延長、金額不明）	00年～05年（6年）	435	72
NBA（バスケット）	ESPN、TBS、TNT	04年～10年（6年）	4,600	766
NFL（フットボール）	ABC、ESPM（マンデーナイト）	06年～14年（8年）	4,800	600
	FOX（NFC）	06年～12年（6年）	4,270	711
	CBS（AFC）	06年～12年（6年）	3,730	621
	NBC（サンデーナイト）	06年～12年（6年）	3,600	600
	4系列合計		16,400	2,532
NHL（アイスホッケー）	ABC、ESPN	99年～03年（4年）	600	150
大学バスケットボール	CBS	02年～14年（12年）	5,200	433
大学フットボール	ABC（4大ボウル）	99年～05年（6年）	500	83
北米サッカーリーグ	FOX	01年～08年（8年）	1,600	200
	NBC、TBS	01年～06年（6年）	1,200	200
フィギュアスケート	ABC	99年～06年（8年）	96	12
オリンピック	NBC	06年冬季	613	
	NBC	08年夏季	894	
	NBC	10年冬季、12年夏季	2,201	
サッカーワールドカップ	Univision（スペイン語テレビ）	10年、14年	325	
	ESPN、ABS（女子W杯も併せて）	10年、14年	100	

06年3月1日現在で隅井作成

ＮＦＬはこうしてテレビネットワークから巨額な放送権収入を手にするだけではなく、04年に創設した自前のＮＦＬケーブルネットワークで06年のシーズンから木曜と土曜のゲームを放送することを決めた。ＮＦＬ自身が放送をコントロールし、広告収入を手にしようというわけである。ＮＦＬフィルムが制作するゲームの映像はＮＦＬモバイル（携帯）、ＮＦＬラジオ、サイラス衛星ラジオ、ＮＦＬドットコム、スーパーボウルドットコムなどのデジタルメディア、インターネットメディアを通じても流れる。

多様なチャンネル、多様なメディアへの新しいチャレンジをＮＦＬ自身が手がけ、新しい放送秩序、新しいスポーツ・ビジネス展開を図ろうというわけである。

インターネット放送権元年

06年トリノ五輪の特徴のひとつに、テレビの視聴率が激減したのに反して、インターネットによる映像に人々の関心が集まりインターネットアクセスがアテネの44％増に達したことがある。

インターネットのビデオ映像についてＩＯＣは02年のソルトレークまでは許可しなかった。世界一〇億世帯に普及したテレビに対し、２０００年初頭のインターネット人口は二〇〇〇万に過ぎないから、テレビで十分であるという理由であった。しかし、その後のインターネット人口の急激な増加、とりわけブロードバンドの発展という状況を背景に、インターネットでオリンピック映像を見たいという国際的な世論が高まり、アテネオリンピックからインターネット映像放送が解禁された。

現在のところインターネットの放送権は、テレビ放送権を持つ巨大放送メディア、ヨーロッパ連合、ＢＢＣ、ＮＢＣなどに与えられている。放送系のサイトが番組との連動で映像提供しているため、完全な自由化とはいえないが、今後のオリンピックでは威力を発揮する存在になるものと見られる。

ＢＢＣはテレビ放送と同時にストリーミングで流したが、アメリカＮＢＣはテレビ放送した後の映像をインターネットに乗せた。ＮＢＣの発表によれば、ＮＢＣオリンピックドットコムはオリンピック最終日の2月26日までに、実に三億六一〇〇万ページ・ビューを記録したという。この数字は映像が使えなかった2000年のソルトレーク五輪（一億四五〇〇万ビュー）の二倍、映像解禁後、最初の大会であったアテネ（二億五一四〇万ビュー）より44％も多い。このサイトの映像ストリームは九一〇万ビデオストリームであったが、これはウエッブで一二万五〇〇〇時間分のビデオが視聴されたことを意味している。

トリノはインターネット放送権元年とも言えるオリンピックであった。

4 ヨーロッパにおけるスポーツ放送とユニバーサル・アクセス

中村美子
ＮＨＫ放送文化研究所主任研究員

ヨーロッパにおいては、日本やアメリカと異なり、放送を受信できる機器を備えた国民誰もが支払う受信料、あるいは政府拠出金を財源とする地上波の公共放送事業体によって放送が行われる時代が長く続いた。ところが、１９８０年代末以降、ケーブルテレビ・システムや衛星放送という伝送路の登場による多チャンネル化を背景に、新たに登場した商業放送事業者がそれまでの公共放送事業者にとって代わって、国民に人気のあるスポーツ放送権を独占的に取得する事例が各国で相次いで顕在化した。イギリスでは、衛星放送のＢスカイＢ、フランスでは地上・衛星放送有料テレビのカナル・プラス、ドイツではケーブル・衛星放送のＲＴＬが、それぞれの国でサッカーの独占放送権取得に乗り出し、その結果、追加の料金を支払わなければ視聴者はこれまで親しんできたスポーツ放送観戦から閉め出されることになった。こうした事態に対し、各国レベルで、そしてＥＵ（欧州連合）レベルで、国民にとって重要なイベントの独占放送を規制する方向へと進んだ。

イギリスの放送を所管する大臣は、96年2月、特別なスポーツ・イベントの独占放送を法的に規制するかどうかの国会論議を前に、次のように述べた。

「特定のスポーツ・イベントは、単にスポーツの出来事というだけでなく、われわれが共通して受け継いできた財産である。スポーツは、すべての人のものである。なぜなら、何百万の人が自宅でテレビ観戦すると同時に、何百万の人が毎週気に入った娯楽の一つとして実際にスポーツを行っている。政府は、核となるようなスポーツ・イベントは国民に無料で提供されるべきだという懸念を十分認識しているが、スポーツの重要な収入源を奪うような変更をすることは間違っているのではないかと考えている。スポーツが明日への投資を行う資金がなければ衰退し、国民の財産であるイギリスのスポーツの価値も低下する。スポーツ放送権に関する議論は、地上波と有料テレビの問題ではない。放送とスポーツ業界の権利と自由との間にどのようなバランスをとるべきかの問題であり、自分でスポーツをする何百万の人々の利益も含めた視聴者の利益の問題である」

この言葉は、スポーツ放送の独占を規制するにあたって、イギリスにとってスポーツが国民の共有の財産であるという認識の上で、視聴者と放送権を所有するスポーツ団体と放送事業者の三者の利益の間で、公正で適切なバランスをどのようにとるべきか、その論点で議論が進められたことを示している。

ここでは、スポーツ放送と視聴者の見る権利に関する問題について、ヨーロッパ各国の中で最も激しく国民的な議論が展開されたイギリスの状況を中心に解説する。

1　有料放送を支配する衛星放送BスカイB

⑴ マードックのイギリス進出

1988年6月、英国テレビ映画アカデミーの会場において、ルパート・マードックは衛星放送サービス「スカイテレビ」の開始を発表した。マードックは「豪ニューズ・コーポレーションの英国支社ニューズ・インターナショナルが運営するスカイテレビを、BSBに先駆けて、89年2月に映画・スポーツ・娯楽・ニュースの四チャンネルで放送を開始する」と述べ、「我々は、視聴者が選択の自由を持つ新時代の幕開けに遭遇する」

と述べた。ＢＳＢは、British Satellite Broadcastingの略称である。当時イギリス政府は高出力の放送衛星（ＢＳ）による衛星放送事業を進めており、その免許を受けたＢＳＢは90年春に放送を予定していた衛星放送事業者である。このマードックの発表は、衛星放送のライバルとなるＢＳＢへの宣戦布告ととれるが、マードックにとっては、イギリスのテレビを長期にわたって独占してきたＢＢＣと商業チャンネルＩＴＶネットワークという地上放送事業者への挑戦だった。ＩＴＶネットワークは全国一六の免許で構成されているが、その一社のＬＷＴ（ロンドン・ウィークエンド・テレビジョン）の少数株主であったマードックは、70年代にＬＷＴの買収を試みた。しかし、マードックは、すでに大衆紙の『サン』や『ニューズ・オブ・ザ・ワールド』を所有していたため、メディアの相互所有規制からＬＷＴ買収を断念したという経緯がある。地上放送への進出を阻まれたマードックは、多チャンネル衛星放送によって、再度イギリスの放送界に登場することを宣言した。

放送衛星を使用するＢＳ放送ＢＳＢと、ルクセンブルグの通信衛星を使用するＣＳ放送スカイテレビジョンは、予定通り放送を開始したが、ハリウッド映画の購入費などソフトの負担が大きく、共倒れになるおそれに見舞われた。この結果、90年11月にＢＳＢが事実上マードックのスカイテレビジョンに吸収される形で合併が行われ、ＢスカイＢとして放送を再開した。この合併は、マードックのイギリス衛星放送市場における勝利であり、マードックが有料放送市場を独占する第一歩となった。

(2) サッカーの独占放送でスポーツ放送を有料化

ＢスカイＢは、娯楽専門や音楽専門など多チャンネルをパッケージにしたベーシック・サービスと、映画やスポーツのプレミアム・サービスの二本立てによる有料サービスを実施している。デジタル放送化された現在では、ビデオ・オン・デマンドやＥメール、オンライン・ショッピングなど双方向サービスも実施され、

Bスカイ B は、現在のイギリスにおける有料放送の原型を築いたといえる。そして、その基盤となったのがスポーツ・チャンネルの有料化であり、イギリスで最も人気の高いサッカーの独占放送権の獲得である。

サッカーのテレビ放送の開始は、1937年にBBCがFAカップの決勝リーグの一部を放送したことにまで遡るが（左の表参照）、1979年以降は、BBCとITVネットワークが共同で、全国にある大小あわせ九二のクラブの連盟と放送権の一括販売契約を結んでいた。この契約では、放送されようとされまいとに関わらず、クラブの間で放送権料が平等に分配されるというものである。また、BBCとITVがカルテルを組んでいたため、サッカー連盟側には、放送権料に関する交渉権がなかった。ところが、88年の放送権更改交渉を前に、有料衛星放送を開始する予定だったBSBが、BBCとITVのカルテル価格の一〇倍に当たる年間三〇〇〇万ポンドで連盟側に交渉する用意があることが明らかになった。そこで、ITVネットワークのスポーツ部長だったグレッグ・ダイク（現BBC会長）は、連盟側に働きかけ、二二のトップ・クラブによる現在のプレミア・リーグを結成し、年間一一〇〇万ポンドで四年間のITVによる独占放送権を獲得した。放送開始前ではあったが、衛星放送BSBの登場によって、BBCとITVのカルテル体制が崩れ、初めてサッカー放送に独占放送という手法が生まれた。しかし、この時点では誰でも視聴できる地上波による無料放送が維持されたのだった。

BS放送BSBの事業の悪化は、88年に有料放送を成功させる可能性を持つサッカーの独占放送権の獲得に失敗したことにあると見られるほど、イギリスにおいてサッカーは視聴者獲得のキラー・コンテンツである。マードックのBスカイBは、BSBの轍を踏まず、92年5月に行われたプレミア・リーグの放送権交渉で、92年のシーズンから五年間で三億四〇〇〇万ポンドを提示した。この金額は、前回ITVが入札した額の六倍に相当する。BスカイBはスポーツ専門チャンネルとして一シーズンで六〇試合を放送、一週間に少なくとも二試合のライブ中継を行う、というのがリーグに示された内容だった。そして、ライブ放送以外にも、

サッカーとテレビ放送

1937年	BBC、FAカップ決勝リーグを初めて部分中継
1938年	BBC、FAカップ決勝リーグ、初のライブ完全中継（放送権料は5ギニー）
1955年	BBC、「スポーツスペシャル」番組の中で国際試合とFAカップのハイライト中継
1960年	ITV、一部リーグ中継開始
1964年	BBC Two、土曜夜の定時番組「Match of the Day」放送開始。ハイライト放送で人気を集め、BBC Oneへ移動
1968年	FAカップ決勝戦、初のカラー放送
1979年	BBCとITV、サッカー連盟と5年間の放送権を共同契約（年間230万ポンド）
1983年	BBCとITV、共同契約を更新（2年間で520万ポンド）
1986年	BBCとITV、共同契約（2シーズンで620万ポンド、年間14試合をライブ放送）
1988年	ITV、プレミア・リーグとリトルウッズ・カップのライブ放送権獲得（4年間で4400万ポンド、1シーズンで21試合放送）
1992年	BスカイB、プレミア・リーグの独占ライブ放送権を5年間3億400万ポンドで獲得。BBCはハイライト放送権獲得
1996年	BスカイB、プレミア・リーグのライブ独占放送権を4年間6億7000万ポンド、BBCはハイライト放送権を7300万ポンドで更新
2000年	BスカイB、プレミア・リーグの独占ライブ放送権を3年間11億ポンド、ITVはハイライト放送権を1億8300万ポンドで獲得。初めてペイ・パー・ビュー放送権の入札が行われ、Sky Digital、ITV Digital、ntl、Telewestの4社が獲得

ゲームの見所や戦略解説など関連番組を編成することを提案した。また、BスカイBは、BBCと手を組み、BBCが土曜日の夜に録画ハイライトで放送していた『Match of the Day』を復活させ、その日に行われた試合をダイジェストで放送することを提示した。『Match of the Day』は、BBCの週末のスポーツ番組として人気を誇っていたが、88年にITVがプレミア・リーグの独占放送権を獲得したため、放送中止に追い込まれた番組だった。

BスカイBの提示額が、ITVの額を大幅に上回ったことに加え、視聴者数の限られていたBスカイBだけでなく、地上放送のBBCによるハイライト放送がパッケージになっていたことから、プレミア・リーグのライブの独占放送権は、BスカイBが獲得することになった。BスカイBはその後、95年末にはITVが持っていたエンズリー・リーグのライブ独占放送権も獲得し、イングランドを中心としたイギリス国内のサッカー放送権をほぼ完全に手中に収めた。

BスカイBは、プレミア・リーグのライブ独占放送によって92年9月から、スポーツ・チャンネルを有料化し、翌年には単年度ながら黒字に転換した。

(3) スポーツ独占の波紋

Bスカイ Bのスポーツライブ独占放送の動きは、サッカーだけにとどまらず、ゴルフ、テニス、クリケットとあらゆる種類のスポーツに広がった。95年12月には、ラグビー・ユニオン（アマチュア）にアプローチし、「五ヵ国対抗ラグビー（Five Nations Cup）」の放送権獲得に乗り出し、さらに、ラグビー・リーグ（プロフェッショナル）に対しては、96年3月から開始するスーパー・リーグに八七〇〇万ポンド投資する見返りに、スター選手はマードックのニューズ・コーポレーションの同意なしに、所属クラブを変更できない、という取り決めを結んだことが明らかになった。

それまでのマードックの独占放送権の獲得について、マスコミ各紙は、政府が放送市場の取引に介入しない姿勢をとっている限り、現状を受け入れざるを得ない、として比較的冷静な報道を行っていた。

Bスカイ Bは、総合編成を行う地上放送では到底できないほど多くのスポーツ放送を行うことができる。例えば、一日二四時間のスポーツ専門チャンネルならば、単純に計算して、年間八七六〇時間の放送が可能である。それに比べ、地上波のBBCをみると、平均一四〇〇時間程度がスポーツ放送時間の実績である。スポーツファンである視聴者にとっては、Bスカイ Bのスポーツ・チャンネルは選択肢の拡大に応える歓迎すべきものである。一方、スポーツ団体にとってみても、放送権収入が大きな資金源となり、スタジアムの整備や海外のスーパースター選手の獲得、草の根レベルの人材の育成に投資することができるようになる。また、放送事業が一つのビジネスである限り、商取引としての放送権売買に関し、売り手と買い手の権利の自由も尊重しなくてはならない。マードックの資金力を駆使したスポーツ放送権獲得を苦々しく感じていたとしても、Bスカイ Bの登場によるプラス面も評価しなくてはならないジレンマがマスコミの間にもあったといえるだろう。

しかし、マードックがスポーツの構造まで支配することになるラグビー・リーグの取り決めに対し、批判の論調が出るようになった。例えば、日刊紙『インディペンデント』は、社説で次のようにマードックを批判した。

「スーパー・リーグの取り決めが持つ大きな問題は、スポーツとビジネスの関係ではない。ルパート・マードックその人だ。ニューズ・コーポレーションは、国際的なスポーツ放送で急速に独占を進めている。これによって、マードックは視聴者がスポーツを見るために支払う金額を値上げできるようになった。しかし、このことはまた、彼が放送するスポーツへ強力な権限を与えてもいる。理想を言えば、ラグビー・リーグは、複数の競合する放送事業者の間から選択することができれば良かったのだが、その代わりに彼らが直面したのは、マードックの〝いやならやめろ〟の取引しかなかった」「放送を支配する力は、スポーツを支配する力から分離されるべきである。マードックがラグビー・リーグを支配する力の大きさは、受け入れることはできない。このやり方が、他のスポーツにも拡大されるのではと、スポーツの将来に不安を抱く人たちもいる。おそらくそうなるだろう。独占・合併管理委員会は、彼らの行動を監視すべきである。これは、公共の利益に反するからだ」

2　放送法改正へ

96年1月、BスカイBの親会社であるマードックのニューズ・コーポレーションは、オリンピックのヨーロッパ放送権に対し二〇億ドルを正式に提示した。これに対し、IOCは、マードックの入札額より低い九億ポンドで、ヨーロッパの主として公共放送事業者によるEBU(ヨーロッパ放送連合)に放送権を販売した。

その理由は、ＥＢＵの過去の経験と番組の質の高さというこれまでの実績と、ヨーロッパ全土にわたって多くの視聴者に無料で放送が提供されるというものだった。オリンピック放送までマードックにわたることにはならなかったが、マードックの資金力にものをいわせた人気スポーツの独占放送権獲得の動きに対する批判は、この出来事をきっかけにピークに達し、放送法によるマードック阻止の動きへと一挙に盛り上がった。

上下両院の国会議員が労働党を中心に全党的な連合を組み、95年末に政府が提出した放送法案に、特別指定行事の地上放送を守るための修正条項を盛り込む要求を突きつけたのである。

(1) 全国ネットの放送

イギリスでは、スポーツを含め全国民的なイベントの放送について、国民誰もが視聴できる権利（ユニバーサル・アクセス）を保護してきた歴史がある。イギリスの放送政策は、放送は全国どこに住んでいても国民は誰もが同等の放送サービスを受けることができるという「地理的な普遍性（ユニバーサリティ）」を基本原理としている。このため、技術の発達により新しいメディアが可能になっても、地上放送についてはＢＢＣとＩＴＶだけでなく、82年に放送を開始したチャンネル４、97年に放送を開始したチャンネル５も、全国ネットワークのサービスとして導入された。また、放送には、イギリス国王の戴冠式や、女王陛下のスピーチやオリンピックの中継などを通じて、国民としての一体感の醸成や統合を進める役割があると伝統的に考えられてきた。

ＢＢＣに続き、イギリスの商業チャンネルの第一号であるＩＴＶが放送を開始したのは１９５５年９月だが、スポーツ放送権料はすでに高騰し始めていた。53年にＢＢＣのスポーツ中継を担当する野外中継部長は、「スポーツのプロモーターとスポーツ団体は、ＢＢＣが娯楽番組など他の番組にかけている資金に比べ、自分たちのスポーツがきわめて安い値段で利用されているようだ」と述べ、商業テレビの登場によって予想される放送権の値上がりに備えなければならないと語っていた。実際にウィンブルドン・テニスの放送権料は、46年ラジオが約一ポンド、52年にはテレビとラジオ併せて一二五〇ポンド、55年には五〇〇〇ポンドに値上がりした。

前述のように、イギリスの放送は受信料を財源とするBBCであろうと、広告放送を財源とする商業テレビであろうと、全国ネットの放送が提供されることが基本原則だが、ITVの放送開始時には、そのカバレージは50%だった。政府は、商業テレビが視聴者を獲得するために、資金力を駆使して、独占的に放送権を獲得すれば、ユニバーサル・サービスが損なわれると判断し、初の商業放送法の中で、放送を所管する郵政長官に、国民的な関心事であるスポーツやその他のイベントの独占放送を禁止する権限を与えた。こうしたイベントのことを特別指定行事（listed events）と呼び、特別指定行事は、放送を所管する国務大臣が放送事業者やスポーツ関係者等と協議して決定される。

こうした取り決めの精神は、ケーブル・テレビの導入時にも引き継がれた。政府からケーブル・テレビ政策の検討を諮問されたハント委員会は、82年に報告書を提出し、「独占放送権」について次のように言及した。「ケーブルは、非常に重要なスポーツ・イベントについて、BBCやITVが競争できないほど十分資金を持つ可能性がある。ケーブルに、BBCやITVで見ることができたスポーツを買い上げられてしまうことは、ケーブルを持てない、あるいは持ちたくないと思う視聴者への脅威であり、公共サービス放送に与える脅威である。ケーブル到来によって、視聴者の見る機会を拡大し、スポーツ放送権による収入がスポーツに恩恵を与えるという効果があると思うが、我々は、テレビ放送で以前から見ていたという平均的な視聴者のために、大きな国民的なイベントは保護されなければならないことは正しいと考える」

そして、「ケーブルは81年放送法で保護されているような国民的なスポーツ・イベントの独占放送権獲得を許可されてはならない」と政府に勧告した。

また、将来の財源形態として、ペイ・パー・ビューの問題を取り上げ、「ペイ・パー・ビューは、一部の特定地域に住み、高い料金を支払うことができる人たちしか享受できないサービスであり、ふつうの視聴者から人気のあるイベントを見る機会を奪ってしまう。すでに、カナダやアメリカでこの問題が実際に起きている」と述べ、「ペイ・パー・ビューは当面、個別のケーブル番組の支払方法として許可されるべきではない」と勧告した。政府は、こうしたハント委員会の勧告を全面的に受け入れ、全国民的な関心事であるスポーツやその他のイベント（特別指定行事）について、ケーブルによる独占放送の禁止とペイ・パー・ビュー放送の禁止を法律に盛り込んだ。

(2) 90年放送法によって後退したユニバーサル・アクセス

ところが、商業放送の大改革となる90年放送法では、特別指定行事についてペイ・パー・ビューによる放送の禁止だけが残された。つまり、これまで、全国ネットの地上放送による特別指定行事の放送が保障されていたが、90年放送法以後は、ケーブルであれ、ＢスカイＢの衛星放送であれ、すべての放送事業者に特別指定行事を放送する道を開いたのである。

ケーブルや衛星放送の進出による視聴者獲得競争の激化、それに伴う放送権料の高騰を予測していたＢＢＣなど既存の放送事業者は、90年放送法審議の過程で、有料放送による特別指定行事の放送を独占的に行うことを禁止するように、ロビー活動を展開した。こうした動きにも関わらず、政府が地上放送による特別指定行事の放送を保障しなかったのには、いくつかの理由が重なっていたと考えられる。一つは、国会審議において、ペイ・パー・ビューや、サブスクリプション・サービスといった新しい言葉の意味を正確に理解している議員が少なかったのではないか、ということもある。また、80年代半ばから、北アイルランド問題をめぐり政府とＢＢＣの間の対立が強まり、政府がＢＢＣに利するような取り計らいを拒否したとも考えられる。そしてまた、政府はＢＢＣの財源調達問題に取り組んでいたが、その諮問委員会であるピーコック委員会が、視聴者主権と競争原理を原則に、視聴者が見たい番組に料金を支払う有料放送形態が最も望ましい財源形態であると結論していたことが、影響したのかもしれない。さらに、当時のサッチャー政権を大衆紙『サン』や一般紙『タイムズ』の論調で支えていたマードックに対し、彼の衛星放送事業の拡大の足を引っ張ることになる法的規制を排除したいと考えられたのかもしれない。

(3) マードック抑止へ

イギリス政府は、96年2月、労働党と保守党議員による規制強化を求める声に抗しきれず、「スポーツ放送：そのための討議」と題する文書を発表し、初めて国会の放送法審議にスポーツ放送とユニバーサル・アクセスの問題をのせる姿勢を示した。その中で、これまでの議論を整理した上で、国民のユニバーサル・アクセスを確保する方法として、次の三つの方法を提示した。

①90年放送法を改正し、有料放送による特別指定行事のライブ放送を禁止する。→地上放送事業者による特別指定行事のライブ放送が保障される。しかし、逆に、ＢスカイＢは特別指定行事以外のスポーツ・イベント（例えば、プレミア・リーグ）の独占放送権の獲得が許される。

②現行の特別指定行事を見直す。→特別指定行事の数を増やし、イギリスの視聴者にとって重要な国内的・国際的スポーツ・イベントをすべてカバーする。

③ライブと録画・ラジオの放送権を分けて販売する。→一括販売を禁止する。ＢスカイＢがテレビのライブ放送権を獲得する場合、録画とラジオの放送権は地上放送事業者が獲得できるようにする(その逆もあり)。

政府のこの意見表明から数日後の2月6日、上院の委員会審議で、労働党のハウエル卿から、特別指定行事の放送について、ペイ・パー・ビューによる独占的放送の規制を有料放送にまで拡大するという新しい条項を、放送法改正案に盛り込む提案が行われた。ハウエル卿は、55年から92年まで下院議員を務め、一貫してスポーツ問題に取り組んだ人物である。ハウエル卿は、

「スポーツの金銭的な面ばかりが配慮されるようになって、スポーツの社会的問題などという考え方はますます影が薄くなりつつある。スポーツ放送権の販売の自由を主張する人たちは、スポーツを単なる物、つまり製品の価格にしか考えが及ばない。彼らは、社会におけるスポーツの価値について言うべき言葉がない。彼らは、スカイ・テレビを見るだけの余裕のない三〇〇〇万、四〇〇〇万の人々を無視している。若い頃スポーツを支えた老齢の人たちを無視しているのだ。若者たちは、これから地上テレビですばらしいスポーツを見て、自分もやってみようとするのに、放送権の自由を主張する人たちは、若い人たちのやる気を起こさせる義務があることを忘れている」

と演説した。この提案は、二二三票対一〇六票の圧倒的多数で採決され、法改正への流れを決定づけた。

(4) 96年放送法で特別指定行事のライブ独占放送を禁止

上院での敗北を受け、政府は3月に特別指定行事のライブ放送がＢＢＣなど地上放送事業者にも放送できる保証を与える放送法改正案を提出し、7月に成立した。その内容は、2月にスポーツ放送議論のために提案した三つの方法をそのまま生かすものだった。

96年7月の96年放送法成立後、放送を所管する文化メディアスポーツ相（以下、スポーツ相）は、ゴードン卿（Lord Gordon of Strathblane CBE）を委員長とする諮問グループ（The Advisory Group on Listed Events）を設置し、特別指定行事の数を拡大する方向でリストの提案を求めた。諮問グループは、スポーツ相の意向に基づき、放送事業者や放送権を所有するスポーツ団体等のヒヤリングを行った上で、98年3月スポーツ相に勧告書を提出した。この勧告書を検討した結果、スポーツ相は、特別指定行事を初めて二つの

グループに分類したリストを発表した（71頁の表参照）。

グループAに指定された一〇競技のライブ中継については、BBCなどカテゴリーAと定められた地上放送事業者であろうと、カテゴリーBとされたその他の有料放送事業者であろうと、独占的な放送を禁止された。言い換えれば、資金力のある有料放送事業者による独占放送権獲得を禁止したことを意味している。例えば、２０００年６月にＦＡカップの放送権がＢＢＣとＢスカイＢによって共同入札され、決勝戦はＢＢＣとＢスカイＢの両チャンネルで放送される。また一方、グループＢの放送権については、ＢスカイＢなど衛星・ケーブル事業者によるライブの独占放送権獲得の道を開くが、地上波テレビの二次放送権が確保される。それまでのリストと今回のリストを比較すると、クリケットがグループＢに入れられたことで、ＢスカイＢがライブの独占放送権を取得できるようになったことである。クリケットのテストマッチは、１９５６年に初めて作成されたリストにもあるほど、イギリスにとって伝統的なスポーツであるため、国民感情的にはグループＡに入れることを要望する声が強かった。しかし、クリケットはＢスカイＢの登場によって、海外試合の完全中継が可能になった上、放送権収入も増加することによって施設の更新などに投資することができるようになった。英国クリケット競技会連盟は、スポーツ放送とユニバーサル・アクセスの議論の中で一貫して、地上放送にだけ限定されることを望まなかった。こうしたスポーツ団体側の意向を政府は尊重したのである。また、ラグビーはグループＡであれグループＢであれ、保護されるべきスポーツ放送として指定されたのは初めてのことである。

また、96年放送法から、スポーツ放送権の販売が放送法に沿って行われているかを監督する権限を、商業テレビの規制監督機関であるＩＴＣ（インディペンデント・テレビジョン委員会）に与えた。放送法によって、ＩＴＣは特別指定行事の放送権契約に関する遵守すべきコードを作成し、もし契約関係者がこのコードに違反したり、ＩＴＣに虚偽の情報を提供したり、あるいは重大な情報を報告しなかった場合には、ＩＴＣ

イギリスの特別指定行事一覧

分類	グループA	グループB
特別指定行事	**オリンピック** **サッカー** ・ワールドカップ ・ヨーロッパ選手権 ・FA カップ決勝 ・スコティッシュ FA カップ決勝 ウィンブルドン・テニス本選 **競馬** ・グランドナショナル ・ダービー ラグビー ・チャンレンジカップ決勝 ・ワールドカップ決勝	**クリケット** ・テストマッチ（イングランド主催） ・ワールドカップの決勝、準決勝、自国チームの試合 **ウィンブルドン・テニス予選** **ラグビー** ・ワールドカップ決勝戦以外の試合 ・五ヵ国対抗ラグビー（フランスでの試合を除く） **コモンウェルス・ゲームズ** **世界陸上選手権** **ゴルフ** ・ライダーカップ ・全英オープンゴルフ

各国の特別指定行事

＜ドイツ＞
オリンピック
サッカー
　ヨーロッパ選手権、ワールドカップ（自国チームの全試合、開幕戦、準決勝、決勝）
　FA カップ（準決勝、決勝）
　ドイツ代表チームの国内・海外試合
　チャンピオンリーグ、カップ・ウィナーズ・カップ、ＵＥＦＡカップ（自国クラブの試合）

＜イタリア＞
オリンピック
サッカー
　ヨーロッパ選手権、ワールドカップ（決勝、および自国チームの全試合）
　イタリア代表チームの国内・海外の公式戦全試合
　チャンピオンリーグ、ＵＥＦＡカップ（決勝、準決勝。ただし、自国チームの試合の場合）
ツール・オブ・イタリー（サイクリング）
F1 イタリア・グランプリ
サン・レモ音楽祭

＜デンマーク＞
オリンピック
サッカー
　ヨーロッパ選手権、ワールドカップ（決勝、準決勝、自国チームの全試合）
　ヨーロッパ選手権とワールドカップの関連試合
ハンドボール（男女）
　ヨーロッパ選手権、ワールドカップ（決勝、準決勝、自国チームの全試合）
　ヨーロッパ選手権とワールドカップの関連試合（女子）

はその放送事業者に罰金を課すことができる。（なお、イギリスでは、放送と通信の融合法ともいわれる「2003年放送通信法」が成立し、ITCの権限は新設された独立規制機関のOfcom／放送通信庁に移行した。）

(5) デジタル放送時代に高騰を続けるスポーツ放送権

イギリスでは、世界に先駆けて、98年秋に地上波のデジタル放送が開始され、地上放送、衛星放送、ケーブルテレビ、の三つの伝送路で放送のデジタル化が同時に進んでいる。イギリスの地上デジタル放送導入の特徴は、日本やアメリカが重んじたHDTVという高画質化ではなく、多チャンネル化にある。そして、周波数の割り当てには、地上放送も衛星やケーブルと同様に多チャンネル有料放送ができるように、商業用に開放された周波数帯をITV Digital（01年7月、ON Digitalから社名変更）にまとめて付与された。ITV Digitalは、地上波の二大商業テレビ事業者であるカールトンとグラナダの共同出資会社である。ITV Digitalは、アナログの地上放送のサイマルキャストも含め四〇チャンネル以上の多チャンネルによるベーシック・サービスと、映画やスポーツ専門チャンネルのプレミアム・サービスの提供という典型的な有料放送モデルを採用した。先行するBスカイBとの加入者獲得競争を演じるITV Digitalが集客力として重視したことは、やはりスポーツ専門チャンネルである。ITV Digitalは、BスカイBからスカイスポーツ・チャンネルの供給を受ける一方、独自にITVスポーツというチャンネルを立ち上げ、UEFAチャンピオンリーグなどを独占的に放送するなど、スポーツ放送に力を入れた。しかし、国内サッカー2部リーグの放送権料支払いへの負担に耐えられず、ITV Digitalは02年5月にサービスを停止した。

こうして、スポーツのアウトレットが広がることは、相変わらずスポーツ放送権の高騰に影響し、テレビを通じたスポーツの商業化を進めている。スポーツ団体側はかつてないほど強いイニシアティブを持ち、放送権を分割して販売する方向に変化している。この一例として、２０００年6月に結ばれたプレミア・リーグの放送権販売があげられる。プレミア・リーグ側は向こう三年間の、ライブ放送権、ハイライト放送権、ペイ・パー・ビュー放送権の三つの放送権の他に、インターネット、携帯電話向けの放送権を分けて提示し、放送事業者側はそれぞれに入札した。結果は、ＢスカイＢが放送する試合数をこれまでより六つ増やして年間六六試合として、そのライブの独占放送権を一一億ポンド（約一八〇〇億円）で落札。ＩＴＶが土曜午後7時以降に放送するハイライト放送権を一億八三〇〇万ポンド（約三一一億円）で落札した。ライブ、ハイライトともに放送権料は前回の二倍に値上がりしている。なお、初めてペイ・パー・ビュー放送権が設定され、ケーブル事業者のntlに放送権が販売された。しかし、リーグ側と放送条件で合意できず仕切り直しとなり、最終的に衛星放送のデジタルサービスSky Digitalと地上デジタル有料放送のITV Digital、ケーブル事業者のntlとTelewestの合わせて四社が、ペイ・パー・ビュー放送権を総額一億八〇〇〇万ポンドで取得した。

スポーツ放送の商業化が進む中で、放送開始以来「スポーツのＢＢＣ」と呼ばれた公共放送局ＢＢＣは、資金難によって次々とビッグスポーツ・イベントの放送権入札に失敗した。２０００年1月末に就任したグレッグ・ダイク会長は、ＩＴＶネットワークの幹部であったころから、サッカーが視聴率を稼げるキラー・コンテンツであると認識し、現在のプレミア・リーグ結成の働きかけをした人物である。就任後4月に機構改革を行い、報道局からスポーツを独立させ、スポーツ局を設置し、テレビ、ラジオ、インターネットを使ったスポーツ放送展開に取り組んだ。スポーツ・アーカイブを利用したスポーツ専門チャンネルを商業サービスとして実施する計画であることが報道されている。

96年放送法は、特別指定行事とされたスポーツ・イベントの放送について、地上波のフリー・ツー・エアーによる提供を確保したが、それは、ＢＢＣのスポーツ放送を守ったわけではない。ＢＢＣであれ商業チャンネルのＩＴＶであれ、イギリスでは地上放送は全国あまねく普及する全国ネットで行われているからである。

ＢＢＣは、デジタル多チャンネル放送時代に、公共サービスとしてのスポーツ放送のあり方、放送権の選択方法など、独自のスポーツ放送の原則と戦略を示すことが迫られている。

3　ＥＵにおける重要なスポーツへのユニバーサル・アクセスの保障

マードックのサッカー・プレミア・リーグのライブ独占放送権獲得が、イギリスおける人気スポーツ放送へのユニバーサル・アクセス侵害の契機だった。このような商業チャンネルの台頭と視聴率競争の激化が魅力あるスポーツ放送権の獲得競争を煽り、特別な料金を支払うことができない、あるいは支払いたくない人たちから見る権利を奪うという現象は、ヨーロッパのその他の国でもほぼ同時に起き始めていた。

ドイツにおいては、88年5月に、メディア企業ベルテルスマンの子会社Ｕｆａ（ＲＴＬの前身。ＲＴＬはさらに２０００年4月に英ピアソンのテレビ部門と合併し、英・独・ルクセンブルグ三ヵ国の連合体となる）が、西ドイツ・サッカー連盟と三ヵ年の全試合独占放送権を獲得。続いて英ウィンブルドン・テニスの独占放送権を獲得した。Ｕｆａの運営するチャンネルＲＴＬ－Ｐｌｕｓは、主としてテレビ所有世帯の三分の一に普及していたケーブル・システムで放送されていた。88年のウィンブルドンの優勝者は、ベッカーとグラフというように男女ともにドイツ人だったが、この試合を視聴することができたのは、ケーブルに加入している限られた視聴者だった。このニュースはイギリスにも伝わり、マードックが衛星放送を開始する前のことであったにもかかわらず、ＢＢＣなど地上放送事業者にとっては、明日は我が身の出来事として受け止められたのだった。88年以降、熱狂的なファンを持つドイツ国内のサッカー一部リーグの放送は、ＡＲＤとＺＤＦという公共放送ではなく、ベルテルスマンあるいはキルヒといった民間のメディア企業によって、衛星・ケーブル向けに行われている。さらに、キルヒが２００２年と２００６年のワールドカップ・サッカーの欧州向け放送販売権を獲得したことによって、衛星デジタル放送など有料テレビによる独占放送が行われるのでは、という懸念が高まった。

また、フランスにおいては、84年に地上波の有料テレビ放送を開始したカナル・プラスが、地上波の無料商業チャンネルＴＦ１と組んで、サッカーの国内試合をほぼ独占的に放送し、公共放送事業者を閉め出すことによって様々なトラブルが生じていた。こうした事態に対し、フランスでは、放送の規制監督機関であるＣＳＡがスポーツと放送に関する委員会を設置し、92年1月に、国民の情報に対する権利とテレビ放送局による独占放送権の調整を目的とする紳士協定をまとめた。これは、テレビ局には独占放送権取得の自由があるが、運営上、独占的な行為を自主的に排除するという取り決めである。

イギリスは放送法によって、フランスはテレビ放送事業者による自主規制によって、国民にとって人気があり重要なスポーツ・イベントに対するユニバーサル・アクセスを保障する国内的措置が採られた。これは、各国政府が放送の商業市場化という現実の中で、自由市場の取り決めを尊重しながら、視聴者の見る権利、言い換えれば、国民の知る権利を保障したことである。

衛星放送の普及や国境を越えたメディア企業の進出によって、放送のグローバル化が進んでいる。例えば、フランスのカナル・プラスは、スカンジナビアや東欧圏の衛星放送事業に進出し、その地域で人気のあるスポーツ放送を行っている。あるいは、マードックはドイツのキルヒ、イタリアのベルルスコーニ、フランスのカナル・プラスといった巨大メディア企業との提携を試み、いずれも成功しているとは言い難いが、ドイツでは商業チャンネルのＶｏｘやｔｍ３の株式を取得し、影響力を強めている。また、２００２年と２００６年のサッカー・ワールドカップの放送権の販売権はキルヒが取得し、ヨーロッパ各国に対し個別の放送権交渉を行っている。

このように、ヨーロッパが一つの放送市場として機能する中においては、各国が国内法的措置にとどまっていては有効に機能することは難しい。例えば、ワールドカップは、イギリスでは特別指定行事であるため、全六四試合は有料放送による独占的な放送は禁止され、地上波のフリー・ツー・エアーで放送されなければならない。放送権所有側のキルヒは最高入札者に販売したいが、イギリスの国内法上、それは禁止されている。もし、EU加盟国が共通して遵守する規制がなければ、キルヒは、こうしたイギリス一国の規制について、EUの欧州委員会に対し販売の自由を侵害されたと苦情を言うことができ、様々なトラブルが予想される。

そこで、97年に改正されたEUの「国境のないテレビ放送に関する指令」によって、各国の国民にとって重要なイベントに対するユニバーサル・アクセスを保障する措置がEUレベルでも採られたのである。このEU指令は、構成一五ヵ国の放送関係の法制・行政の統一原則を定めたものである。「97年EU指令」は、「EU各国政府が社会的に大きな重要性を持つと考えるスポーツなどのイベントは、その国に住む人々の実質的な部分が、『フリーテレビジョン』による全面的あるいは部分的なライブ放送、あるいは時差放送で視聴できる機会を保障する」ことを各国政府に義務付けた。「フリーテレビジョン」の意味は、公共的あるいは商業的なものを問わず、受信料やケーブルテレビの基本料金以外に追加で料金を支払うことなく人々がアクセスできるチャンネルによる放送を指している。例えば、イギリスでは、地上波で全国ネットの放送を行っている受信料を財源とするBBCや、広告放送による商業チャンネルの放送がフリーテレビジョンである。また、社会的に重要なイベントとは何かについては、文化や伝統によって異なるため、各国政府がそれぞれ決定する。そして、そのリストを欧州委員会に提出し、欧州委員会はEU法に照らして、各国の取り決めが認められるかどうかを検討し、その結果を各国に伝えることになっている。

2000年1月現在で、欧州委員会に認められている特別指定行事は、別掲（71頁の表）のようにドイツ、イタリア、デンマークの三ヵ国で、イギリスは2000年8月の欧州委員会で承認された。

ヨーロッパのスポーツ放送権関連年表

1988.5	西独ベルテルスマン、国内サッカー放送権を獲得。公共放送の独占が崩れる
1988.12	西独ベルテルスマン、ウィンブルドン・テニスの欧州大陸放送権獲得。公共放送事業者に衝撃
1991	仏カナル・プラス、サッカー名門クラブのパリ・サンジェルマン所有
1992.1	仏独立規制機関ＣＳＡの「スポーツとテレビ委員会」、テレビ局の独占放送権と国民の情報への権利を調整する紳士協定まとめる
1992.5	英ＢスカイＢ、サッカー・プレミアリーグの独占ライブ放送権獲得。初めて地上波から衛星有料放送へ
1995.6	仏カナル・プラスの免許更新にあたり、オリンピックなど重要なスポーツの独占放送禁止を義務づけ
1995.8	蘭ペイテレビ放送事業者のネットホールド、オランダでスポーツ専門チャンネル SuperSports 開始。12 月にはスカンジナビア地域にサービス提供拡大
1995.11	英ＢスカイＢ、イングランドのサッカー放送権をほぼ完全に独占
1995.12	SuperSports、ギリシャのサッカーリーグ放送権獲得。二次放送権を公共放送 ERT が取得
1996.1	マードック、夏季オリンピックの欧州放送権（2000—2008 年）に 20 億ドル提示するが、ＥＢＵが獲得
1996.1	英商業テレビのＩＴＶ、F1 放送権を前回の 10 倍の 6000 万ポンドで獲得。ＢＢＣ、歴史的敗退を喫す
1996.1	伊デジタル衛星放送 D+ 放送開始。サッカーと F1 の PPV を 9 月から実施
1996.2	伊商業テレビ部門に進出するチェッキゴーリ、国内サッカーの独占放送権獲得。公共放送 RAI、40 年にわたるサッカー放送の歴史が終わる危機に直面
1996.3	伊チェッキゴーリ、資金集めに失敗し、サッカー放送権を放棄。RAI が獲得
1996.3	英ＢスカイＢ、アナログ衛星でボクシングを初めて PPV で実施
1996.4	独キルヒ、国内サッカーリーグの独占放送権（3 年間）を 5 億 4000 万マルクで獲得
1996.4	仏カナル・プラス、衛星デジタル放送開始。サッカー 1 部リーグの試合を PPV で 9 月から提供
1996.6	英ＢスカイＢ、イングランドのラグビーユニオンと独占放送権契約。
1996.6	英ＢスカイＢ、サッカーのプレミアリーグの独占ライブ放送権（4 年間）を 6 億 7000 万ポンドで更新
1996.7	英 1996 年放送法成立。オリンピックなどビッグスポーツの有料放送による提供を制限
1996.7	独キルヒとスイスのスポリス、2002 年と 2006 年のワールドカップ放送権の販売権を前回の 10 倍の 22 億ドルで獲得
1996.7	独キルヒ、デジタル衛星放送 DF1 放送開始
1996.8	仏 M6、西 Antena3 など商業放送グループ、欧州スポーツ放送権をめぐりＥＢＵがカルテルを行っていると欧州裁判所に提訴
1996.12	仏公共放送事業者を中心としたデジタル衛星放送 TPS 放送開始

1997.1	西デジタル衛星放送 Canal Satelite Digital 放送開始
1997.3	デンマーク公共放送 TV2 と Danmarks Radio、スポーツ専門チャンネル TVS 放送開始。98 年 5 月資金難で失敗に終わる
1997.3	仏カナル・プラスとオランダのネットホールドの大型合併
1997.6	97 年ＥＵ指令、各国にスポーツなど主要な行事のフリー・ツー・エアーの放送を義務づけ
1997.8	仏カナル・プラス、ポーランドのサッカー 1 部リーグ放送権獲得
1997.9	西デジタル衛星放送 Via Digital 放送開始。サッカーの PPV 放送権をライバルの Canal Satelite Digital と折半
1998.2	独連邦憲法裁判所、サッカーのニュース報道の有料化を認める
1998.3	独州首相会議で、フリー・ツー・エアーでの放送を義務づけるスポーツ・イベントで合意
1998.6	英政府、オリンピックなどスポーツの特別指定行事決定
1998.6	英政府、無料放送を保障する特別指定行事を決定
1998.8	マードック、ベルルスコーニ、キルヒの 3 大メディア企業家、サウジ石油王と組んで、欧州サッカー・スーパーリーグ計画再浮上
1998.9	伊 D+、伊サッカーの 4 大クラブの独占放送権（5 年間）を 2 億 2000 万ポンドで獲得
1998.10	仏カナル・プラス、スカンジナビア全域向けの衛星デジタル放送 Canal Digital 本放送開始
1998.10	英ＢスカイＢ、名門サッカークラブのマンチェスター・ユナイティッド買収を発表。欧州でもメディアの垂直統合を図る
1998.11	英政府、ＢスカイＢのサッカークラブ買収を独占合併委員会に調査を命じる
1999.3	英政府、ＢスカイＢによるマンチェスター・ユナイティッド買収禁止を決定
1999.6	仏下院、スポーツ放送法を改正。各スポーツ連盟がスポーツ放送権販売の権利を所有
2000.4	伊公共放送 RAI、サッカーチームのインター・ミランとローマと提携し、各チーム専門チャンネル開始を計画
2000.6	英ＢスカイＢ、プレミアリーグのライブ独占放送権（3 年間）を 11 億ポンドで獲得。ハイライト放送は地上波のＢＢＣからＩＴＶへ
2000.8	欧州委員会、英特別指定行事を承認
2000.12	独公共放送ＡＲＤとＺＤＦ、2004 年サッカー・ヨーロッパ選手権の放送権獲得
2002.4~6	独巨大メディア企業キルヒ・グループ、英地上有料デジタル放送 ITV Digital、相次いで破綻
2003.8	英ＢスカイＢ、プレミアリーグの 2004 年から 3 シーズンの独占ライブ放送権を 10 億 2400 万ポンドで獲得
2005.11	欧州委員会の介入で、英プレミアリーグの放送権は 2007 年シーズン以後は 6 分割され、ＢスカイＢの独占を禁止。

5　日本におけるスポーツの商品化とユニバーサル・アクセス権問題

森川貞夫
日本体育大学教授

アマチュア神話の崩壊

「人には譲れないものがある。いくら食えないからと言って自分の女房や娘を売る者はおるまい。スポーツのアマチュアリズムというのはそれと同じだ」。満座のシンポジウムの席で「ラグビーの神様」＝大西鉄之祐氏（早稲田大学教授、当時は日本体育協会アマチュア委員会委員長）はこう言い切った。おお向こう受けするどすのきいた声であった。アマチュア問題をめぐる学会シンポジウムでのやりとりであったが、「大西マジック」とも言われた大西さんの言葉の勢いに、若かった私は手も足も出ず、押されっぱなしでうまく反論もできず、悔しさだけが残った。

これは二五年前の話である。今のスポーツ界からは信じられないことであろうが、当時は「スポーツはアマチュアこそが最も尊い」という思想——この「アマチュア理想」はスポーツ・アマチュアリズムとよばれ、二〇〇〇年にわたる長い間、世界のスポーツ界を支配していた——を信じて疑うことはなかった。したがって、スポーツ団体も競技者も「自らのスポーツ活動で金銭的・物質的利益を得てはならない」ということの「思想」を金科玉条にしてアマチュア規定なるもので自縄自縛に陥り、大きな矛盾を抱えていた。なぜなら、スポーツが技術的に高度化し国際化すればするほど、スポーツ大会の規模は拡大し財政的にも巨大化していくことは避けられないのである。その結果、「企業アマ」「軍隊アマ」「国家アマ」「学校アマ」という名の「にせアマチュア」が横行したのであった。

スポーツ界がこのくびきから「解放」されたのは、スポーツの歴史から見ればずっと新しいことであるが、国際的にはＩＯＣ憲章から「アマチュア」という言葉が消えていった１９７４年以降のことである。日本では78年にデサント陸上という形で初めて冠スポーツ大会が開かれ、「スポーツと金」の関係が公的に「解禁」となった。その後は怒涛のごとく冠スポーツ・イベントが推し進められ、日本スポーツ界はいつしか守銭奴のごとく変貌を遂げて今日に至った（82頁の表参照）。このような流れを「スポーツもお金になる」という意味で「スポーツの商品化」ととらえれば、それをもっともわかりやすく見せてくれたのが84年のロサンゼルス・オリンピックであり、組織委員会委員長ピーター・ユベロスの名を高めた「ユベロス・マジック」である。

それまでオリンピックは開催のたびに大きな赤字を出したが、米政府の財政支援を受けず民間の力でやりぬいたロサンゼルス・オリンピックは、それをみごとに覆し、終わってみれば黒字であった。その鍵がテレビ放送権とスポンサー料にあることはいまでは誰でも承知していることであり、これが「商業オリンピック」の始まりである。かくしてスポーツもオリンピックも商品化したし、どこの国・都市でもオリンピックをやればもうかるというわけで、オリンピック招致合戦となり、そのいきつく先がオリンピック招致疑惑であった。

マルチメディア・マルチチャンネル化とスポーツ争奪戦

日本におけるテレビを中心にしたスポーツ放送は、インターネットの普及によって今後大きく変わっていくことが予想される。例えばＦＩＦＡによる「インターネット・ジャーナリスト」の取材承認が正式に決まれば、その波紋はもっと大きくなるはずである。しかも、テレビによるスポーツ放送に限っても、ケーブル・テレビによる放送がすでに行われており、その意味では現在の放送法にいう「公衆によって直接受信される無線通信の送信」（第二条）という「放送」の狭いとらえ方もやがて変えざるを得なくなる。

このような「通信」と「放送」の垣根がいっそうあいまいになり、しかも両者が「融合」されていくことが容易に予測される。これまでのテレビによるスポーツ「放送」に限っても、地上波によるアナログ放送はＮＨＫと民放各社、ＢＳ放送にもＮＨＫとＷＯＷＯＷがあり、さらに２０００年12月のＢＳデジタル放送の開始、それに以前から放送のＣＳデジタル放送（パーフェクＴＶとＪスカイＢの合併、ディレクＴＶの統合によりスカイパーフェクトコミュニケーションズ、略して「スカパー」一社になった）を加えた、マルチメディア・マルチチャンネル化は急速に進んでいる。とくにデジタル化は一挙にチャンネル数を三〇〇以上まで可能にした。

その結果、テレビを見る人口も視聴時間もそれほど変わらないとすれば、増えたチャンネルに誰が合わせてくれるのであろうか、その競争は必至である。スポーツはそれ自体がビジュアルであり、ドラマティックであるから、恰好のテレビ向きソフトといえよう。今日のビッグスポーツ・イベントをめぐる放送権の争奪戦を生み出した原因はここにある。したがって、多くの人をひきつけるオリンピックやワールドカップ・サッカーのような文句なしの、他の番組を圧倒するソフト（これを業界ではいささか物騒ではあるがキラー（殺し屋）・コンテンツとよんでいる）の放送権料が高騰するのは当然といえば当然であろう。この点については他の論者が詳しく論じているので省略するが、問題は日本でどうなるのかということである。

「マードック、日本上陸」という騒ぎの中で、当時噂されたのがＪスカイＢによる大相撲とＪリーグの放送権の一括購入であった。中田人気に沸いたセリエＡについても早い時期から同様のニュースが流れていた。相撲は今もＮＨＫが全場所放送し、ダイジェストは１９５９年から２００３年までテレビ朝日が放送していたが、それ以降はＮＨＫが放送している。サッカーの方は事情がだいぶん変わった。先ずＷＯＷＯＷが獲得したセリエＡの独占放送権は、その後スカパーに取られ、２００２年日韓共催ワールドカップ・サッカーの

テレビを中心としたスポーツの商品化関係年表

1951.6.3	ＮＨＫ実験放送パリーグ中継（大映対近鉄、毎日対東急）
10.3	大相撲中継
11	六大学野球中継
1953.2.1	ＮＨＫ本放送開始（受信契約数 866）、大相撲５月場所中継
1953.8.13	ＮＨＫ全国高校野球選手権大会実況中継（８日間）
1953.8.23	日本テレビ（ＮＴＶ）民間放送初の本放送開始
1953.8.29	ＮＴＶ、巨人対阪神戦中継
1954.2.19	ＮＴＶ・ＮＨＫ、プロレス中継（力道山・木村正彦対シャープ兄弟）
	この年、プロレスブーム
1958.5.14	ＮＨＫ、第 54 次ＩＯＣ総会開会式中継（東京）　テレビ 100 万台突破（三種の神器）
2.24	第３回アジア大会中継（ＮＨＫ、ＫＲＴ）
1960.8.25	ローマ・オリンピック（コマ撮り伝送、ＶＴＲ）、ＮＨＫ放送権料５万ドル
1962	ＮＨＫテレビ受信契約数 1000 万台突破
1963.11.23	日本初の衛星中継（ケネディ大統領暗殺の映像が飛び込む）
1964.10.10	東京オリンピック開会式カラー放送（ＮＨＫ・民放含め視聴率 84.7%、約 6500 万人）
	世界に衛星カラー中継（実際には白黒中継中心）、ＮＨＫ放送権料 50 万ドル
10.23	女子バレー決勝日本対ソ連、視聴率 66.8%（紅白歌合戦 72.0%）
	この年、ＮＨＫＴＶ受信契約数 1600 万台
1966.4	ＮＴＶ「楽しいボウリング」放送
1967.1	第５回世界バレーボール選手権（日本）ＮＨＫ日本バレーボール協会に絶縁宣言
1968	メキシコ・オリンピック（視聴率 51.8%）、ＮＨＫ放送権料 60 万ドル
	「巨人の星」(スポ根ブームの始まり､以後「サインはＶ」「アタック No.1」など)
1970	アディダス（ホルスト・ダスラー会長）
1972.2.3	札幌オリンピック開会式（完全カラー中継）、ボウリングブームがピークを迎える
	ミュンヘン・オリンピック（視聴率 58.7%）、ＮＨＫ放送権料 105 万ドル
1973	プロゴルフ競技放送盛況
1974	ＩＯＣ憲章改正（アマチュアという言葉が消える）
	ＦＩＦＡ会長にアベランジェ（ブラジル）就任
1976	モントリオール・オリンピック、ジャパンプール放送権料 130 万ドル
1978	デサント陸上（初の冠スポーツ大会）、第１回セイコー・スーパーテニス
	Ｗ杯サッカー（アルゼンチン）に開催地以外の国際的な広告看板承認（ウエスト・ナリー社）
1979.11.18	第１回東京国際女子マラソン（資生堂）
1980	ＩＯＣ会長にサマランチ（スペイン）就任、日本、モスクワ・オリンピックボイコット。テレビ朝日独占中継、850 万ドル
	第１回トヨタカップ、スポーツ・イベントの企業参加競争白熱化

1981.2.8	読売・日本テレビ東京マラソン
1982	ＩＳＬ社（International Sportculture & Leisure Marketing A.G.、電通・アディダス共同出資）設立、W杯サッカーのプロモート権取得
1983.3.20	ＮＴＶ、横浜国際女子駅伝
1984	ロサンゼルス・オリンピック（視聴率48.8%）、ジャパンプール放送権料1650万ドル。ピーター・ユベロス組織委員長のユベロス・マジックで五輪史上初の黒字に
1988	ソウル・オリンピック、ジャパンプール放送権料5000万ドル
1989	ベルリンの壁崩壊
1990	ＢスカイＢ（英国国際衛星放送）開始 W杯サッカー（イタリア）のべ267億人視聴
1991.8.23	第3回世界陸上選手権大会（東京）、ＮＴＶが独占放送（2500万ドル？）
1992	バルセロナ・オリンピック、ジャパンプール放送権料5750万ドル ＢスカイＢスポーツチャンネル有料化（プレミアリーグ）
1994	W杯サッカー（アメリカ）のべ321億人視聴
1995	ボスマン判決（欧州裁判所）
1996.5.31	ＦＩＦＡ、2002年W杯サッカー日韓共同開催決定
1996.7	W杯サッカー2002、06年の放送権キルヒ、スポリスグループへ（22億4千万ドル）
10	アトランタ・オリンピック、ジャパンプール放送権料7500万ドル 日本初のデジタルＴＶ「パーフェクＴＶ」が放送開始
1997.5	ＪスカイＢにソニーとフジテレビが参加
7	公共サービス放送に関するＥＵ指令（ユニバーサル・アクセス問題顕在化）
12	ディレクＴＶが放送開始
1998.4	ＪスカイＢとパーフェクＴＶが合併し「スカイパーフェクＴＶ！」に（さらに2000年にディレクＴＶと統合） W杯サッカー（フランス）のべ334億人視聴
1999	アメリカ、テレビと通信（web TV）の融合始まる
2000	シドニー・オリンピック、ジャパンコンソーシアム放送権料1億3500万ドル
12.1	ＢＳデジタル放送（８事業者）が本放送を開始 ＮＨＫ衛星放送受信契約数1000万台突破
2002	ソルトレーク・オリンピック、ジャパンコンソーシアム放送権料3700万ドル キルヒ・メディア社破産申請（グループ負債総額約7600億円） Ｗ杯サッカー（日韓共催）のべ288億人視聴
2004	アテネ・オリンピック、ジャパンコンソーシアム放送権料1億5500万ドル
2006	トリノ・オリンピック、ジャパンコンソーシアム放送権料3850万ドル

この表は広瀬一郎『スポーツマーケティング』（電通、94年）、『メディアスポーツ』（読売新聞社、97年）、広瀬一郎『新スポーツマーケティング』（創文企画、02年）、橋本一夫『日本スポーツ放送史』（大修館書店、92年）および『放送文化』、ビデオリサーチ資料等を参照して作成

全六四試合完全生中継と再放送権もスカパーに決まった。日本のサッカーファンにとっての救いは、FIFAの配慮により開幕戦、決勝戦、日本戦などの四〇試合は従来どおりに（特別のお金を支払わずに）地上波で見ることができたことであろう。

すでにアメリカでのペイ・パー・ビューという有料放送や、ヨーロッパでのサブスクリプション・サービス（加入契約料を払った者だけが見ることができるサービス）の状況は、隅井・中村両氏の中に詳しく述べられているとおりである。ここでも問題になるのは杉山氏がふれているように、果たして日本で「ユニバーサル・アクセス権」が国民の議論の俎上にのぼるかどうかだ。スカパーのワールドカップ・ドイツ大会での後退で論点がぼやけてしまったが、問題はスポーツが「大衆に浸透した文化として成熟」し、なおかつ「国民的行事と呼べるスポーツ・イベント」があるのかということである。

読売新聞が毎年行っている「見るスポーツ」の世論調査によると、二大人気種目は大相撲とプロ野球であったが、大相撲は若貴人気に沸いた90年代前半の第一位（94年2月55・6％）の後は低迷が続き、最近は一二年連続でプロ野球がトップの座を占めている（06年2月調査）。プロ野球は二位以下を大きく引き離して45・5％。以下は、二位マラソン（34・0％）、三位駅伝（28・5％）、四位高校野球（27・0％）、五位プロサッカー（25・0％）であった。しかし、プロ野球人気も巨人に偏っており（巨人24・8％、次いで阪神の14・5％、中日4・4％、ソフトバンクの4・3％）、この点では「国民の誰もが見たいスポーツ」としての国民的支持を得ているというにはやはり無理があるように思われる。したがって巨人戦だけの独占放送権を特定の局が手にする形となるが、これが将来的にもコマーシャル入りの民間放送によるのか、コマーシャルは入らないが加入料もしくはペイ・パー・ビュー方式となるのかの違いはある。

国民的支持ということになると、昔から日本人は「オリンピック好き」と言われているように多くの国民はオリンピックへの関心が高い。04年の読売の世論調査でもアテネ・オリンピックに「関心がある」と答えた人は80・4％に達し、「関心がない」（19・4％）を圧倒した。これらのデータから言えることは、もしオリンピック大会の開会式を含むすべての競技プログラムをペイ・パー・ビューにしろサブスクリプション方式にしろ有料でしか見られないという状況が生じた場合には、国民的批判がおきる可能性があるということだ。この場合、現行の放送法では規制できない。その時に果たしてヨーロッパのように、国会でユニバーサル・アクセス権をめぐって議論がなされるであろうか。

とくに２００２年の日韓共催ワールドカップ・サッカー、04年のアテネ・オリンピック、06年のドイツワールドカップ・サッカーが開催された後に、日本の放送事情がどのような状況になるのかである。今以上に放送局間の過当競争によってスポーツ・イベントの放送権料がさらに高騰するときに、一体何が起きるのだろうか。「お金を出さなければ見たいスポーツ番組が見られない」ということが起こった時に、国民はどのような反応を示すのであろうか。そのことがスポーツの社会的・文化的地位を高めることになるのか、あるいは逆に、結果として国民がスポーツから離れていくことになるのかどうか。

その場合に先ず問われるべきは、日本スポーツ界、とりわけプロスポーツ団体とＪＯＣ・日本体育協会とその傘下の競技団体と、多くのスポーツ愛好者＝国民との関係であり、同時にかれらの自立性あるいは主体性である。それは「スポーツ活動に必要な経済的基礎を自らのスポーツ活動によって得てはならない」というスポーツ・アマチュアリズムとの矛盾を克服したつもりが、結果として「金銭のとりこ」となり、安易に国家あるいは企業に寄生していることを認めることからはじまる。

そのうえで、自らのスポーツ活動の価値を高めつつ多くの国民の理解と支持に基づく経済的基礎、具体的にはスポーツ団体の自立した財政的基盤を入場料・参加料・登録料・指導料などによって得るという本筋に立つということである。

そのためには、お金を出して見に来てくれるファン・観客、お金を払ってでもその競技に参加・登録してくれる競技者、さらにまた、お金を払ってでもそのスポーツを習いたいというスポーツ愛好者を心底大切にすることである。「普及を基礎に向上を」という原則の承認、すなわちスポーツの大衆化こそがそれぞれのスポーツ団体を物質的・経済的に支えてくれる確かな基盤であり、「スポーツの商品化」の前提であるという自覚と認識がスポーツ団体と競技者に必要である。

日本におけるスポーツ改革の課題

残念ながら、日本における急速な「スポーツの商品化」の進展は、アマチュアリズムの桎梏からの「解放」をもたらしはしたが、同時に安易なスポーツ＝ビジネス論を招き、スポーツおよびスポーツ団体にとっても、トップアスリートたちにとっても、それは「金縛り」にあった形でしか機能していない。アマチュアリズムによる金銭的束縛からの解放によって、自由になるはずのスポーツ（マン・団体）が、今度は金銭そのものにかえって縛られてしまうという矛盾、その一つの現れがテレビマネーによるスポーツ支配である。スポーツ団体とその指導的立場の人々の視線がスポーツ愛好者ではなくテレビ局・広告代理店・スポンサー筋の方向を向くというのも、無理はない。そうであればあるほど、一般国民との関係は乖離していかざるをえず、したがって「だれでもが見たいスポーツを見る権利」としてのユニバーサル・アクセス権が基本的に問題になることはない。

現状で問題になるとすれば、それは消費者としての、視聴者としてのそれであり、スポーツ愛好者である国民もスポーツマンも心底主体とは考えられていないということである。それは単なる消費者としての顧客であり、「お客様は神様です」というのが単なるお金儲けのための方便に過ぎないというところに情けない日本のスポーツの現状が現れていよう。その証左に、各スポーツ団体の登録人口あるいは顧客動員人口とその団体の収支の関係は、予算上も実際の事業上もまったくバランスが取れていない。先に挙げた自主財源の占める比率を見ただけで、その団体の寄生性がわかろうというものである。

これは、これまでの日本のスポーツの歩みの中でつくられたものにちがいないが、今日の時点では、それをどう克服していくかをまともに考えていくことが重要となる。問われているのはそのことをまったく理解しようとしない日本のスポーツ界を支配している人々のセンスの問題であろう。しかし「スポーツ・フォア・オール」（みんなのためのスポーツ）をスローガンに掲げる以上、国民的基盤の上に日本のスポーツの発展を置くスポーツ団体を本気で組織し、運動を広めることが必要である。「スポーツ・フォア・オール」は単なるスローガンにとどめるのではなく、これこそ本気で取り組むべき課題である。「スポーツとテレビ」の関係も、この「みんなのためのスポーツ」を実現していく中であらためて問い直されるべきであり、そこではじめて、「ユニバーサル・アクセス権」を日本でも実態あるものにしていくことができるのではないか。

『メディア総研ブックレット』刊行の辞

メディア総合研究所は次の三つの目的を掲げ、三〇余名の研究者、ジャーナリスト、制作者の参画を得て一九九四年三月に設立されました。

①マス・メディアをはじめとするコミュニケーション・メディアが人々の生活におよぼす社会的・文化的影響を研究し、その問題点と可能性を明らかにするとともに、メディアのあり方を考察し、提言する。

②メディアおよび文化の創造に携わる人々の労働を調査・研究し、それにふさわしい取材・創作・制作体制と職能的課題を考察し、提言する。

③シンポジウム等を開催し、研究内容の普及をはかるとともに、メディアおよび文化の研究と創造に携わる人々と視聴者・読者・市民との対話に努め、視聴者・メディア利用者組織の交流に協力する。

この目的からも明らかなように、私たちの研究所が他のメディア研究機関と異なる際だった特徴は、視聴者・読者・市民の立場からメディアのあり方を問いつづけるところにあります。私たちは、そうした立場からメディアと社会を見据えたさまざまなシンポジウムを各地で開くとともに、「マスメディアの産業構造」「ジャーナリズム」「マスコミ法制」といった研究プロジェクトを内部につくり、その研究・調査活動の成果を「提言」にまとめて発表してきました。

しかし、メディア界はいま、「デジタル化」というキーワードのもとに「革命」と呼ぶにふさわしい変革の波にさらされています。それだけに、この激しい変化を深く掘り下げ、その行方をわかりやすく紹介していくことが市民の側から強く求められてもいます。私たちが『メディア総研ブックレット』の刊行を思いたったのは、そうした時代の要請に何とか応えたいと考えたからです。

私たちは、冒頭に掲げた三つの目的を頑なに守り、視聴者・読者・市民の側に立ったブックレットをシリーズで発行していく所存です。どうか『放送レポート』(隔月刊誌)とともにすえながくご支援、ご愛読下さいますようお願いします。

メディア総合研究所

〒160-0007　東京都新宿区荒木町1-22-203

Tel：03（3226）0621

Fax：03（3226）0684

◆ホームページ

http://www.mediasoken.org

◆e-mail アドレス

mail@mediasoken.org

<メディア総研ブックレット No.11>

新スポーツ放送権ビジネス最前線

2006年4月22日　　初版第1刷発行

編者 ——メディア総合研究所
発行者 —平田　勝
発行 ——花伝社
発売 ——共栄書房
〒101-0065　東京都千代田区西神田2-7-6 川合ビル
電話　03-3263-3813
FAX　03-3239-8272
E-mail　kadensha@muf.biglobe.ne.jp
URL　http : //www1.biz.biglobe.ne.jp/~kadensha
振替 ——00140-6-59661
装幀 ——山田道弘
印刷・製本 —モリモト印刷株式会社

ISBN4-7634-0465-2 C0036